高等职业教育"十三五"规划教材（机械工程课程群）

精冲技术

主　编　董晓华

主　审　胡成龙

中国水利水电出版社
www.waterpub.com.cn

·北京·

内 容 提 要

本书作为精冲技术推广教材,内容涵盖精冲基础、精冲零件的工艺特征、精冲模典型结构、精冲模设计和精冲零件质量及其影响因素等多方面内容。

本书不仅能够为初学精冲技术的学生提供全面的技术和理论基础,而且也能为企业工程技术人员和模具钳工等提供参考和帮助。

本书的编写融入了作者丰富的教学和企业实践经验,内容注重实用,结构清晰,图文并茂,通俗易懂,

本书可作为高职高专院校模具设计与制造专业教材,也可供培养技能型紧缺人才的相关院校及培训班教学使用。

图书在版编目(C I P)数据

精冲技术 / 董晓华主编. -- 北京 : 中国水利水电
出版社, 2017.1
高等职业教育"十三五"规划教材. 机械工程课程群
ISBN 978-7-5170-4925-8

Ⅰ. ①精… Ⅱ. ①董… Ⅲ. ①精密冲裁—高等职业教
育—教材 Ⅳ. ①TG386.2

中国版本图书馆CIP数据核字(2016)第294125号

策划编辑:祝智敏　　责任编辑:张玉玲　　加工编辑:孙 丹　　封面设计:李 佳

书　　名	高等职业教育"十三五"规划教材(机械工程课程群) 精冲技术　JINGCHONG JISHU
作　　者	主 编　董晓华 主 审　胡成龙
出版发行	中国水利水电出版社 　(北京市海淀区玉渊潭南路 1 号 D 座　100038) 网址:www.waterpub.com.cn E-mail:mchannel@263.net(万水) 　　　　sales@waterpub.com.cn 电话:(010)68367658(营销中心)、82562819(万水)
经　　售	全国各地新华书店和相关出版物销售网点
排　　版	北京万水电子信息有限公司
印　　刷	北京瑞斯通印务发展有限公司
规　　格	184mm×240mm　16 开本　11.5 印张　252 千字
版　　次	2017 年 1 月第 1 版　2017 年 1 月第 1 次印刷
印　　数	0001—2000 册
定　　价	26.00 元

凡购买我社图书,如有缺页、倒页、脱页的,本社营销中心负责调换
版权所有·侵权必究

I
前言

　　精冲（fine-blanking）是精密冲压的简称。精冲工艺是在普通冷冲压（简称普冲）工艺基础上发展起来的一项精密成形塑性加工技术，由于采用了特殊的工艺手段，使得精冲能获得尺寸精度高、剪切面光洁垂直、表面平整、塌角小、小孔径、窄槽壁、互换性好的冲压件。

　　当今社会节能环保受到广泛关注，精冲作为一种少切削或无切削成形的先进加工方法在这方面的优势也逐步显现出来。从冲压成形技术的发展方向看，精冲技术自身具有的高精度、高冲裁面光洁度、高效率特点，也是其他新型加工方法如高速冲、数控冲、激光切割等所不具备的，因而具有很强的生命力和发展潜能。

　　本书作为精冲技术推广教材，内容涵盖精冲基础知识、精冲零件工艺特征、精冲模具设计，以及精冲零件质量分析和生产技术运用等多方面内容。

　　本书的编写融入了作者丰富的教学和企业实践经验，内容注重实用，结构清晰，图文并茂，通俗易懂。

　　本书由武汉软件工程职业学院楚天技能名师董晓华主编，并由武汉软件工程职业学院胡成龙教授主审。

　　由于时间仓促，不妥之处欢迎读者批评指正。

编　者
2016 年 8 月

II

目录

1

精冲基础

1.1 精冲的基本概念

精冲（fine-blanking）是精密冲压的简称。精冲工艺是在普通冷冲压（简称普冲）工艺基础上发展起来的一项精密成形塑性加工技术，由于采用了特殊的工艺手段，使得精冲能获得尺寸精度高、剪切面光洁垂直、表面平整、塌角小，以及小孔径、窄槽壁、互换性好的冲压件。在一般情况下，可以取代整修和冲裁供坯后所进行的各种（如车、铣、磨、拉削、滚齿、钻绞孔等）繁杂工艺，从而节约大量专用工装和加工工时，缩短了生产周期。此外，精冲后的零件在其剪切断面上形成有硬化层，还可提高零件的耐磨性。因此精冲工艺与普冲工艺相比改变了冲压生产技术的毛坯生产性质，使其能直接提供符合产品装配要求的板料冲压件，最终达到较大幅度降低生产成本、提高产品质量的目的。

精冲技术自 1923 年发明并应用推广至今，特别是经过 20 世纪 70 年代电子工业和 80 年代汽车工业的推动发展，在设备、模具、材料、润滑剂和成形工艺等方面均取得了长足进步，国外精冲领域的大公司已经形成一整套完整的技术研究和商业运作系统。国内精冲技术的试验研究起始于 1965 年，经过 50 多年的技术引进与消化吸收、不懈努力与不断实践，在精冲技术理论、零件生产、设备制造等多方面均取得了长足进步。据 2014 年统计显示，全国有约 70 家各类精冲企业（分布于 19 个省市及直辖市），以及十余家科研院所从事着这项充满希望与挑战的产业。

据有关资料介绍，目前精冲件的最大厚度已达 25mm（$\alpha_b \leqslant 420MPa$），最大外廓尺寸近 1000mm，精冲材料最大强度达到 900MPa，最大全液压精冲机吨位达到 25000kN。在精冲材料方面，从有色金属的铝及铝合金、铜及铜合金冲裁，扩展到多种黑色金属冲裁，如低碳钢、低碳合金钢、中碳及高碳工具钢、合金结构钢、弹簧钢及耐热不锈钢等。

随着精冲工艺的迅速发展，精冲技术与成形技术不断结合，许多体积（三维）成形的工艺特征与精冲工艺得以复合。因此现代意义上的精冲已经突破了以往的精密落料和冲孔等分离工序，更多地与挤压、斜切、翻边、半冲孔、压沉孔、压印及翻边等体积成形工艺相结合，实现了一些原来需要组装、切削加工才能形成的功能，使得应用精冲复合成形技术制造的产品已在包括钟表、照相机、电器仪表、计算机、通信办公设备、五金家电、汽车、农机、摩托车、纺织机械、飞机制造等许多领域中广泛应用，正逐步适量取代以前由普冲、机加、精锻、精铸和粉末冶金等技术生产的零件，精冲工艺已展现出广阔的技术和经济发展前景。

当今社会节能环保受到广泛关注，精冲作为一种少无削成形的先进加工方法在这方面的优势也逐步显现出来。从冲压成形技术的发展方向看，精冲技术自身具有的高精度、高冲裁面光洁度、高效率特点，也是其他新型加工方法（如高速冲、数控冲、激光切割等）所不具备的，因而具有很强的生命力和发展潜能。

1.1.1 精冲原理

需要指出的是，本书专述和人们所常说的精冲，均不是一般意义上的精密冲裁（如多次整修、光洁冲裁和高速冲裁等工艺），而是体现其基本特征的强力压板精冲。

强力压板精冲的基本原理是：在专用（三动）压力机或改装的普通压力机上，借助特殊结构的模具和润滑剂，在对适宜材料施加强大压料力下进行冲压，使材料产生塑性—剪切变形，从而获得尺寸允差小、形位精度高以及剪切面光洁、表面平整的零件。

为了更好地应用精冲技术，必须充分了解和掌握以下六大基本要素。

（1）精冲零件：结构形状、工艺性、尺寸精度和表面质量。

（2）精冲材料：精冲性、成形性、化学成分、金相组织、热处理状态。

（3）精冲模具：结构的稳定性、特性参数的选择和制造质量。

（4）精冲机床：压力、速度和状态。

（5）精冲润滑：润滑系统、润滑剂成分及用量。

（6）精冲生产：设备调整与操作、模具维修保养及后续工序。

1.1.2 精冲的特点

在普通冲裁时，由于冲裁凸模与其凹模之间存在着较大的冲裁间隙，一般为冲件料厚 t 的 10%～24%。当冲裁变形进入塑性变形阶段，因凸模施加于条料的压力超过了材料的抗剪强度，在模具锋利的刃口处，首先出现应力集中并产生裂纹，而后拉断并撕裂材料，发生破坏性分离。

冲裁所得冲件剪切面的质量和特征，随冲裁间隙的大小而异。当采用正常冲裁间隙时，即冲裁凸、凹模之间的单边间隙取冲件料厚 t 的 5%～10%时，则冲件的剪切面大约只有其料厚的三分之一是光洁、平整的，其余为粗糙的撕裂面，而且有一定的斜度。实践证明，随着冲裁间隙的加大，冲件剪切面的光洁部分减小，粗糙的撕裂带增大，同时冲件剪切面的斜度加大。当冲裁间隙减小时，冲裁件的剪切面光亮带加大，粗糙的撕裂带减小，同时剪切面的斜度也减小。当冲裁间隙减小到 1% t 以下，使其绝对值仅为 0.01mm 或采用负间隙时，精冲件的剪切面则全部是光洁、平整的，且垂直度可达 89°30′或更佳。表 1-1 列出了用各种不同冲裁间隙值进行冲裁时，所获得的冲件剪切面的特征及其主要技术指标。

表 1-1　不同冲裁间隙值冲件剪切面的特征

材料种类		单面间隙占料厚的%		
		撕裂带／光亮带 R	撕裂带／光亮带 R	撕裂带／光亮带 R
低碳钢板		最大 21	11.5~12.5	8~10
高碳钢板		最大 25	17~19	14~16
合金钢板		最大 23	12.5~13.5	9~11
铝合金板	$\sigma_\delta<23$（公斤/毫米²）	最大 17	8~10	6~8
	$\sigma_\delta>23$（公斤/毫米²）	最大 20	12.5~14	9~10
黄铜板	软态	最大 21	8~10	6~8
	半硬态	最大 24	9~11	6~8
碳青铜板		最大 25	12.5~13.5	10~12
钢板	软态	最大 25	8~9	5~7
	半硬态	最大 25	9~11	6~8
主要技术指标				
剪切面倾斜角 A°		14~16	9~11	7~11
塌角 R 为料厚 t 的%		20~25	18~20	15~18
光亮带占料厚 t 的%		<20	<25	<40
撕裂带占料厚 t 的%		70~80	60~75	50~60
剪切面特征		极粗糙	粗糙	较粗糙
主要优、缺点及适用范围		剪切面根粗糙有台阶，倾角大，毛刺大，适用于一般无配合要求及不重要的冲压件	剪切面粗糙但模具寿命最长，适用于一般精度的加工的冲压件	残余皮力小，加工硬化小，模具寿命长，适于一般精度的冲压件

材料种类		单面间隙占料厚的%		
低碳钢板		5~7	1~2	0.5~0.75
高碳钢板		11~13	2.5~5	0.5~0.75
合金钢板		3~5	1~2	0.5~0.75
铝合金板	$\sigma_\delta<23$（公斤/毫米²）	2~4	0.5~1	0.5
	$\sigma_\delta>23$（公斤/毫米²）	3~5	0.5~1	0.5
黄铜板	软态	2~3	0.5~1	0.5
	半硬态	3~5	0.5~1	0.5
碳青铜版		3.5~5	1.5~2.5	0.5~0.75
钢板	软态	2~4	0.5~1	0.5
	半硬态	3~5	1~2	0.5

主要技术指标			
剪切面倾角 A°	6~11	0.5~3	0.5
塌角 R 为料厚 t 的%	>15	>10~15	>10
光亮带占料厚 t 的%	<55	<70	100
撕裂带占料厚 t 的%	35~50	20~45	0
剪切面特征	微粗糙	一般、平整	光洁
主要优、缺点及适用范围	毛刺小，剪切面倾角小，尺寸精度较高，适于薄小精度高的精密冲件加工	残余应力大，模具寿命短，不推存采用	尺寸和形位精度高，剪切面光洁度▽6以上，适于高精度高的精冲的精冲

普通冲裁由于冲裁间隙大，又无压料和推件板的反压力，冲裁过程中伴随着弯曲、拉伸应力，冲件还产生拱弯变形。特别是在厚料大间隙冲裁时，其特征是：冲件接近凸模刃口一侧的尺寸与凸模接近；接近凹模刃口一侧的尺寸与凹模相当。而凹模尺寸比凸模尺寸大两个单边间隙值，冲件剪切面呈斜面，甚至出现台阶，且大部分是撕裂的很粗糙。图 1-1 所示为普通冲裁剪切面的状况。

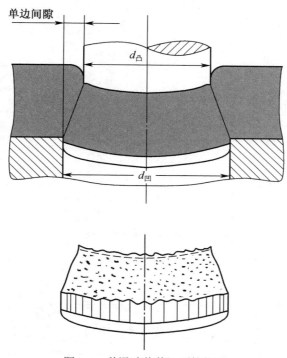

图 1-1　普通冲裁剪切面的状况

精冲由于剪切间隙小，精冲前材料变形区内外，上下均施加强大的压料力，精冲模刃口又采用适当的圆角，特别是在厚料精冲落料时的显著特点是：精冲件接近凸模的一侧，具有一般纵向毛刺，故通称毛刺侧，其尺寸近似于凸模尺寸；接近凹模的一侧，根据精冲轮廓的复杂程度不同，有约为料厚 t 的 10%～30% 的塌角，故通称为塌角侧，其尺寸小于凹模尺寸。于是剪切面就是一个大头在毛刺侧（外倾）的斜面，与普通冲裁的剪切面正好相反。

精冲与普通冲裁的区别在于：精冲间隙只有普通冲裁的 10% 甚至更小。在精冲剪切开始之前，首先对原材料变形区内外、上下施加单位压力接近材料屈服极限 σ_δ 的强大压力，且在整个剪切过程中保持不变，而后凸模将条料切入刃口具有小圆角的直壁凹模洞口。由于推件板的作用，在精冲凸模回程后，把精冲件顶出凹模，故精冲总是模上推件。表 1-2 所示为普冲与精冲在工艺技术特征方面的区别。

表 1-2　普冲与精冲在工艺技术特征方面的区别

技术特征	普冲	精冲
1．材料分离形式	剪切变形	塑性—剪切变形
2．工件品质		
◆尺寸精度	IT 11～13	IT 7～11
◆冲裁面粗糙度 Ra/um	＞6.3	1.6～0.4
◆形位误差		
平面度	大	小（0.1mm/100mm）
垂直度	大	小（0.0026mm/1mm）
塌角	（20%～35%）S	（10%～25%）S
◆毛刺	较大	较小
3．模具		
间隙	双边（5%～24%）S	双边1%S
刃口	锋利	倒角
4．冲压材料	无要求	塑性好（球化处理）
5．润滑	一般	特殊
6．压力机		
◆力态	普通(单向力)	特殊（三向力）
◆工艺负载	变形功小	变形功为普冲的2～2.5倍
◆环保	有冲压噪音，振动大	冲压噪音小，有气流噪音，振动小
7．成本	低	高

　　精冲模的小间隙、圆刃口及强力压料和推件板的反向施压，保证了冲件具有垂直、光洁的剪切面和较高的尺寸精度；在精冲过程中，通过对条料上下施加较大的压力，使条料变形区处于三向立体压应力状态下进行塑性—剪切变形，使材料分离。同时还保证了冲件具有较高的形位精度和剪切面质量，所以一般不必再进行切削加工，即可作为成品零件交付产品装配。

　　精冲与整修（亦称修边）工艺的不同在于：精冲是直接从原材料（包括条料、带料或卷料）经过冲床、液压机或三重动作专用精冲压力机的一次或连续几次行程，冲出各种合格的精冲件。而整修工艺是对普通冲裁的毛坯进行再加工。

　　图 1-2 所示为齿圈压板精冲与普通冲裁的比较，可以看出二者在模具基本结构、冲裁时材料的受力状态、冲件剪切面的质量、冲裁间隙以及冲出实物等方面的差异。从图 1-2 中可以看

出，精冲还不是无毛刺冲压。精冲件虽然剪切面光洁、平整而垂直，但仍不可避免地要产生毛刺，且沿剪切轮廓出现塌角。精冲件塌角的大小是衡量精冲技术优劣的标准之一。采用增加模具挤压工序去除精冲件毛刺而使其满足装配要求的工艺，现在已经普遍采用。

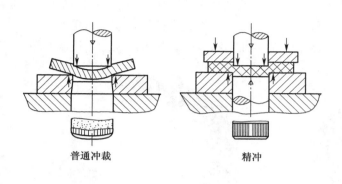

（a）模具结构及受力状态

（b）冲裁间隙

普通冲裁　　　　　　　　　　　　　精冲

（c）实物照片

图 1-2　齿圈压板精冲与普通冲裁的比较

1.1.3　精冲的经济效果

精冲具有显著的技术经挤效果。在技术上，精冲件克服了普通冲裁件的不足和缺陷，除了精冲件沿剪切线（刃口）贴近凹模一侧有小于普通冲裁 1/2 的塌角，以及在贴近凸模一侧有一定高度的剪切毛刺之外，精冲件在形位和尺寸精度、剪切面光洁度等方面都得到很大改善和提高，所得零件的互换性好。

采用精冲工艺，能在压力机的一次或连续的几次行程中，从原材料直接获得成品零件。由于精冲过程中的冷作硬化，使精冲件的剪切面具有很好的耐摩擦和抗腐蚀性能。

在经济上，把普通冲裁供坯后经各种切削加工（或全部由机械加工）完成的零件改为精冲后，能够节省机械加工所需的工艺装备和设备，节约工时和劳力，提高劳动生产率。在通常情况下，采用精冲工艺比机械加工或普通冲裁，可提高效率数十倍（甚至上百倍）。

图 1-3 所示为改用精冲工艺生产的两个汽车零件实例照片。图 1-3（a）是控制凸轮。

（a）　　　　　　　　　　　　　　　（b）

图 1-3　两个精冲的汽车零件实例照片

表 1-3 为控制凸轮新、旧制造工艺过程的对比。

表 1-3　控制凸轮新、旧制造工艺过程对比

新工艺	旧工艺
1. 精冲。采用冲孔－落料复合精冲模，一次冲出凸轮外形和各内形 2. 除毛刺	1. 毛坯铸造 2. 清理。通常将粘附在铸件上的砂粒清除后，用落地式砂轮机除去飞边及毛刺 3. 车削加工 4. 拉削键槽 5. 成型或靠模铣削。加工凸轮外廓，达到要求的形位公差和尺寸精度 6. 除毛刺

通过表 1-3 对比可以看出，采用精冲工艺比常规的有屑加工工艺省去四道工序，提高功效 80 倍以上，生产成本随生产量的增大而大幅度下降。当年产量超过 10 万件时，生产成本可降低一半以上。

此外，在设备及生产面积的节约方面，精冲工艺尤为显著。可省去落地式砂轮机、车床、

拉床以及精密的靠模铣床，而仅需精冲压力机一台，占用的生产面积约为上述四种设备的三分之一。

图 1-3（b）所示为接合器盘，具有内外齿形。表 1-4 为接合器盘新、旧制造工艺过程的对比。

表 1-4　接合器盘新、旧制造工艺过程对比

新工艺	旧工艺
1. 精冲。采用冲孔落料复合精冲模，内外齿形一次冲出 2. 除毛刺	1. 冲裁供坯　采用普通冲孔—落料连续模冲裁毛坯 2. 校平　采用平板校平模校平毛坯的拱弯 3. 拉削内齿形 4. 除毛刺 5. 外齿形叠合滚齿 6. 除毛刺

采用精冲工艺制造的接合器盘，形位精度高、齿形耐磨，使用寿命长，在设备、工装、工时、台时等方面成本节约很显著。

图 1-4 所示为精密机械零件离合器爪采用精冲工艺和旧工艺主要工序的比较。该零件材料为 T8A，料厚 2mm。旧工艺每千件需工时为 167.5 小时，精冲工艺每千件仅需 25.5 小时，同时还节省了 5 套专用工装和 4 种切削刀具。

精冲工艺与有屑加工和普通冲裁相比，主要缺点如下：

（1）需要采用造价昂贵的专用三动精冲压力机，该机结构复杂，制造与维修的技术要求很高，售价是一般相当吨位标准机械压力机的 10 倍以上。

（2）精冲模制造困难，通常比同一零件的普通冲模造价高 50%～100%，甚至更贵。

（3）精冲对原材料要求较严，多数要先经热处理，提高了生产成本。

（4）精冲工艺对润滑剂和润滑方法要求较高。处理不当将会降低剪切面质量及模具寿命。

但另一方面，精冲由于工序减少，每道工序造成的废品可能性也相对减少。

根据实际统计资料，一般中等复杂程度的零件，当产量超过 10 万件时，精冲件的成本要比普通冲裁后再经机械加工才能完成的制件便宜一倍以上。产量愈大，精冲的经济效果愈显著。

如图 1-5 至图 1-7 所示，均为国内生产的部分齿形和其他类型精冲件，都收到了良好的技术经济效果。

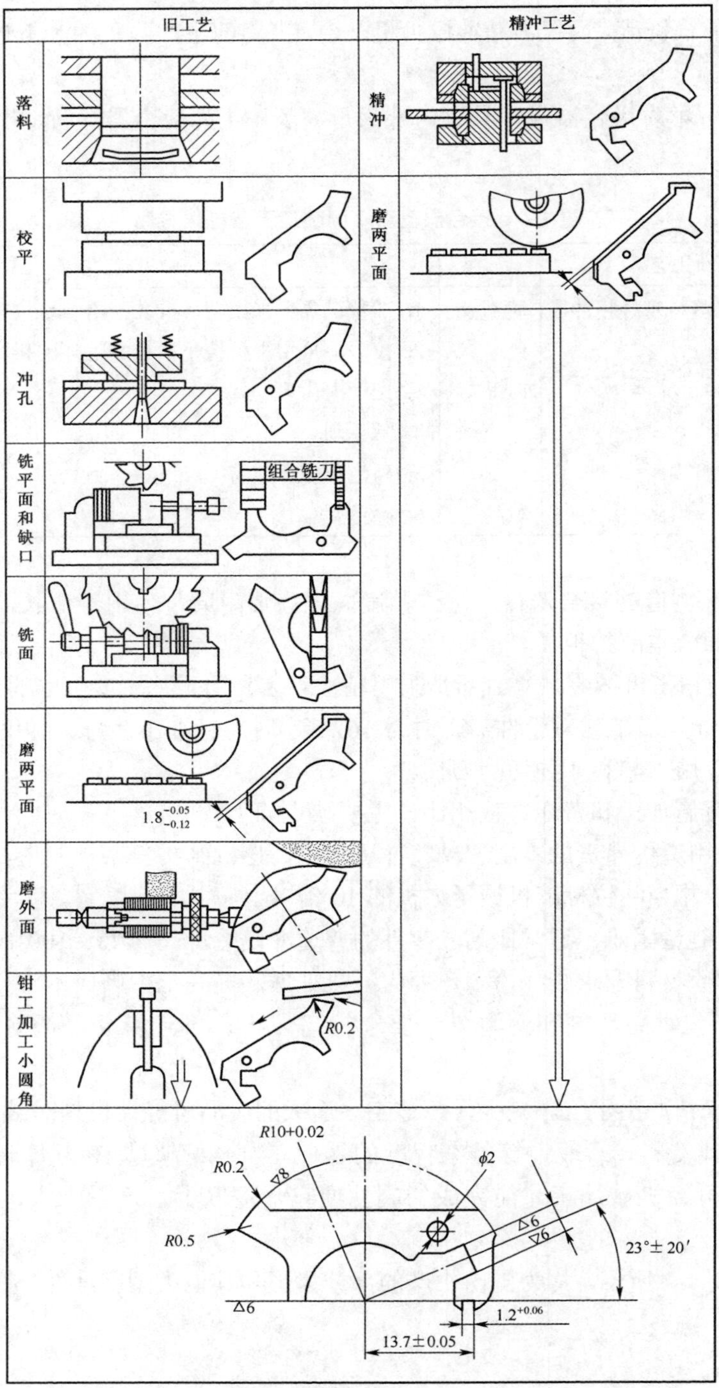

旧工艺		精冲工艺	
落料		精冲	
校平		磨两平面	
冲孔			
铣平面和缺口	组合铣刀		
铣面			
磨两平面	$1.8_{-0.12}^{-0.05}$		
磨外面			
钳工加工小圆角	R0.2		

$R10+0.02$ $R0.2$ $\nabla 8$ $\phi 2$ $\triangle 6$ $\nabla 6$ $23°\pm20'$ $R0.5$ $\triangle 6$ 13.7 ± 0.05 $1.2^{+0.06}$

图 1-4　离合器爪新、旧工艺对比

图 1-5 部分齿形精冲件 1

图 1-6 部分齿形精冲件 2

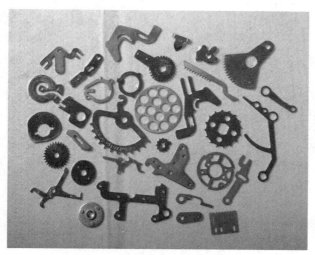

图 1-7 部分齿形及其他类型精冲件

1
Chapter

1.2 精冲的类型及其特征

经过多年生产实践，按照工艺方式，精冲大致可分为以下几类：

（1）普通精冲：其中包括整修和光洁冲裁。

（2）强力压板精冲。

（3）对向凹模精冲。

（4）同步剪挤精冲。

（5）往复冲裁。

（6）杆料精切。

结合各种精冲方法所采用的模具结构特点、工艺过程、精冲过程中的动作方式和材料变形特征，同时考虑到应用程度和典型性，这里重点介绍以下几种精冲工艺。

1.2.1 强力压板精冲

这种精冲方法有多种模具结构型式，但其基本原理均一样，即在精冲过程开始之前，通过各种不同形状的压板和推板，沿剪切线（刃口）的内外、上下，对材料变形区施加大小接近材料屈服极限的强大单位压力，把材料紧紧压牢在凹模刃口表面。不管是什么结构的强力压板式精冲模，均采用极小的精冲间隙，一般双向总间隙约为精冲件料厚 t 的 1%～1.5%。落料凹模刃口与冲孔凸模刃口，均采用精冲料厚 t 约 1%～2%的圆角。因此可以避免像在普通冲裁过程中因间隙大、材料因没有齿圈压板和推件板的夹持作用，冲裁时会出现翘起弯曲，并产生拉应力而撕裂的现象。强力压板精冲改变了材料的受力状态，使材料处在三向受压的塑性剪切条件下进行接近纯剪切的分离。

图 1-8 为强力压板式精冲的几种型式。图 1-8（a）为齿圈压板式精冲，这种型式已普遍用于生产，它是本书其他章节介绍的主要内容。图 1-8（b）表示锯齿压板式精冲，图 1-8（c）及（d）分别表示锥面压板及平面压板两种型式的精冲。

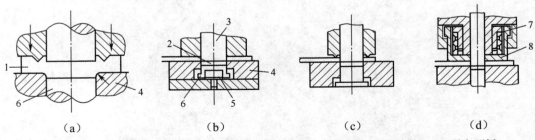

（a）　　　　　　（b）　　　　　　（c）　　　　　　（d）

1—条料；2—冲件；3—凸模；4—凹模；5—碟簧；6—推件板；7—环簧；8—强力压板

图 1-8　强力压板精冲的几种型式

从模具结构上分析这几种强力压板式精冲，其主要动作方式和材料受力状态基本相同。即在开始精冲之前，首先把送进模具的条料压牢在凹模表面上，然后凸模下行精冲。凸模冲完回程后，推件板把冲进凹模洞口的冲件推出来。采用齿圈是为了增加单位面积的压料力。施加压料力的大小，与精冲材料的种类、强度及料厚有关，一般总的压料力取其剪切力的 40%～60%，以接近或稍大于精冲材料的屈服极限 σ_s 为宜。在精冲时施加给材料的反压力，一般为剪切力的 20%左右。实际所需反压力的大小，与精冲件轮廓的复杂程度和剪切周长、以及推件板承压面积的大小有关，一般都按经验公式计算求得。由以上简单分析可知，强力压板式精冲需要有压料、剪切、反压三重压力，故齿圈压板精冲需要具有三重（压力）动作的模具或设备，并要求上述三重压力按顺序施压并分别作用。同时还要有推件力和卸料力，但这两个动作都需滞后于剪切力，即在精冲完成之后开始动作。这些要求使其模具和专用精冲设备趋于复杂化，因而提高了加工成本。齿圈压板精冲的工艺过程见图 1-9，从图中可看出，需经过（a）材料送进工作位置、（b）齿圈压入材料、（c）开始精冲、（d）精冲完毕、（e）启模推出零件和废料、（f）吹走零件和废料等过程。

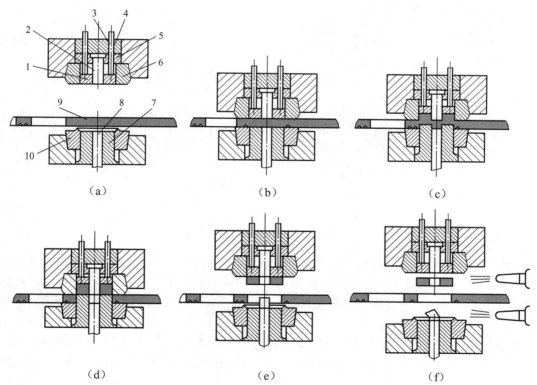

1—推件板；2—冲孔凸模；3—顶杆；4—垫板；5—凸模固定板；6—凹模；7—凸模；
8—顶杆；9—条料；10—齿圈压板

图 1-9　齿圈压板精冲的工艺过程

1.2.2 对向凹模精冲

对向凹模精冲法（opposed dies）是日本上泷和铃木汽车公司合作，于 1969 年研究成功并用于生产的精密冲裁工艺。从工艺过程、材料受力状态和变形方式，以及模具结构和动作特点分析，该工艺与强力压板式精冲及其他精冲方法均不同，类似于整修且兼有切削加工的性质，该法还可以精冲高碳钢厚钢板和脆性材料。

对向凹模精冲是用上下两个凹模刃口的相对移动进行剪切，把精冲件剪切面上的撕裂带作为切屑排除。因此用该法精冲高强度厚板料和脆性材料，亦可获得光滑的剪切面。对向凹模精冲的模具，是由尖状凹模 B、平面凹模 A、冲裁凸模和反向顶出凸模所组成，对向凹模精冲的工艺过程见图 1-10。

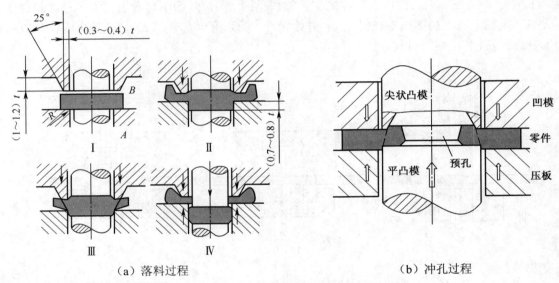

（a）落料过程　　　　　　　　　（b）冲孔过程

图 1-10　对向凹模精冲的工艺过程

对向凹模精冲的工艺过程是：①当精冲材料送进模具之后，平面凹模相对尖状凹模移动。在此过程中，平面凹模刃口切入板料，在两个凹模刃口间进行切削；②平面凹模停止切入材料而将材料夹紧在两个凹模之间；③冲裁凸模开始动作，进行剪切。随后平面凹模下降，顶出精冲件。

在进行对向凹模精冲时，尖状凹模和平面凹模在相对移动过程中切入材料。平面凹模切入精冲件料厚 t 的 70%～80%。冲裁凸模在工作行程中只剪切料厚 t 的 20%～30%。因此该工艺能提高模具寿命。

对向凹模精冲的主要优点可概括如下：①可以对较高硬度的高强度厚钢板以及塑料板等脆性材料进行精冲，与其他精冲方法比，能精冲更厚的材料；②精冲件剪切面光洁平整、毛刺小、塌角小；③精冲过程类似切削加工，故所需剪切力较小；④模具（特别是平面凹模与剪切凸模）寿命较高。

对向凹模精冲也需要三重动作的专用精冲压力机，与齿圈压板精冲专用压力机类似，该机配有夹钳式自动送料装置、废料剪断装置、安全保护装置以及液压调节限程装置等，自动化程度较高。

1.2.3　负间隙精冲

这种精冲工艺也称光洁冲裁，其典型结构如图 1-11（b）所示，工艺过程见图 1-11（a）。该工艺的主要特点是采用一种凸模大于凹模的特殊结构的精冲模具，用负间隙精冲。一般使凸模大于凹模（0.1～0.2）t，故负间隙的大小主要取决于精冲件料厚。冲裁时，凸模与凹模表面不接触。通常情况下，凸模下行的最低位置仍距凹模表面 0.1～0.2mm。该工艺所采用的凹模也不是如普通冲裁一样锋利的刃口，而是具有 R=（0.1～0.3）mm 的圆角。其冲裁的实质是冲裁－整修的复合工艺过程，

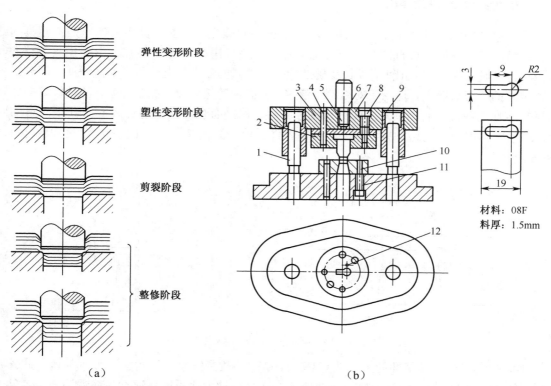

1－导柱；2－固定板；3－销钉；4－凸模；5－垫板；6－冲头把；7－上托；8－内六角螺钉；9－导套；
10－凹模；11－内六角螺钉；12－固定挡料销

图 1-11　负间隙精冲的过程及其模具

生产实践表明，该工艺对铜、铝和低碳钢（如 05F、08F、10 号钢）等具有低强度，高延伸率、流动性好的软材料进行负间隙精冲，具有模具结构简单、精冲零件剪切面光洁的优点。用此工艺生产的精件，一般尺寸精度可达 GB 4～6 级、剪切面粗糙度可达 R_a0.8～0.4。但对于料厚 $t \leqslant 1.5$mm 以下的大尺寸薄板精冲件，容易产生明显的拱弯。由于在精冲时凸模不进入凹模，必然要产生难以除去的纵向毛刺，而且冲件的塌角较大。

负间隙精冲的主要缺点是：①采用此工艺不能精冲外形（指冲裁轮廓）复杂、带有弯曲、压扁、起伏等成形工序的精冲零件；②负间隙精冲的实际冲裁力比普通冲裁力大 1.3～2.8 倍，故模具寿命较低；③在精冲过程中，冲件变薄现象极为严重。例如，用负间隙精冲法将 L1 纯铝板冲出直径为 ϕ45.1mm、厚 4.6mm 的圆片，需选用 6mm 厚的板料；④冲压零件毛刺大，塌角大，且难以减少或消除。

由于上述技术局限性，该工艺主要用于冷挤压板料毛坯的精密下料，以及一些软材料只剪切轮廓简单的平板零件的精冲。

1.2.4　小间隙圆刃口凹模精冲

这种精冲方法也属于光洁冲裁的一种，俗称小间隙光洁冲裁。其主要特点是：模具的凹模刃口呈四分之一圆弧或椭圆角过渡，圆刃口凹模的结构形式见图 1-12。该类模具的精冲间隙极小，一般均在 0.01mm 以下，其实质是冲裁－挤光的复合工艺过程。实践证明，四分之一圆弧过渡的圆刃口凹模，适用于对软铝、紫铜、低碳钢等低强度、高延伸率、流动性好的各种软材料零件的精冲。而椭圆角圆弧刃口凹模，对较厚的有色金属零件比较容易获得满意的结果。在正常情况下，用这种方法精冲，所得零件的剪切面粗糙度为 R_a1.6～0.4，尺寸精度可达 GB 6 级。

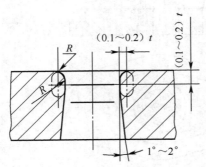 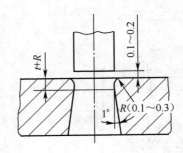

图 1-12　圆刃口凹模的结构形式

小间隙圆刃口凹模精冲的主要缺点是：①精冲件质量较差，塌角大、平直度差，此外精冲件外形尺寸比凹模尺寸大 0.02～0.05mm；②实际冲挤力比采用普通冲裁法冲裁同一工件大1.5 倍左右；③凹模洞口要求较高的硬度和 R_a0.1 以下粗糙度，才能保证工艺过程的顺利进行；④精冲过程中应加强润滑，否则会因强力摩擦而产生粘结（金属镏）现象。

1.2.5　聚氨酯精冲

这种精冲方法是用聚氨酯做成类似橡皮冲裁模结构的特殊精冲模,用于对 0.25mm 以下的薄料进行精冲。

用其他精冲方法对 0.5mm 甚至更薄的材料精冲存在一定困难,而采用聚氨酯精冲方法对薄材料精冲,可以获得合格的零件。例如对料厚仅为 0.1mm 的镍箔,因料薄且模具的精冲间隙极小而无法压料,制模也很困难,故不能用一般精冲法加工。采用聚氨酯精冲,模具结构简单,精冲件形位精度好,无毛刺,效果良好。

聚氨酯精冲模的基本结构,是将选定的聚氨酯装在钢质容框中,精冲时成为通用的凹模或凸模,模具顶杆端头四周做成斜角,以利剪断材料。这种精冲模通常用于落料,只用一个钢质下模,以聚氨酯做上模,可以冲平板件及与成形工序相结合,对薄而硬的材料进行精冲,模具制造时不存在间隙难做的问题。

该工艺实际是由橡皮冲裁演变而来,缺点是尺寸精度不高。这里将其划入精冲范畴,是因为该工艺在冲裁薄料时无毛刺、形位精度高,精冲件平直度好。

1.3　齿圈压板精冲的工艺特点

1.3.1　齿圈压板工艺

由于广泛应用齿圈压板精冲方法,所以人们常说的精冲一般就是指强力齿圈压板精冲,本书以下各章节的主要内容都是介绍该工艺方法。

随着精冲工艺的推广和普及,钢质精冲件所占比重增大(约占 85%),有色金属精冲件的比重相应减少。

就精冲材料的范围而言,适用性也在日益扩大。含碳量在 0.35% 以下,抗拉强度 $\sigma_b = 300 \sim 600 \mathrm{N/mm^2}$ 的钢板,精冲效果最好。对含碳量 0.7% 甚至更高的非合金钢,含 Cr、Ni、Mo 等合金元素的低合金钢,经过适当的球化(退火)处理,也能得到良好的精冲效果。实际上对高碳钢、碳素工具钢、不锈钢、轴承钢、耐热钢等一些强度高达 $\sigma_b = 650 \sim 850 \mathrm{N/mm^2}$ 的塑性较差的钢材,也已经开始进行精冲并取得了一定成效。

近年来对 65Mn 钢(贝氏体钢材)的精冲也取得了较好成果,其强度高达 $1100 \sim 1300 \mathrm{N/mm^2}$,精冲料厚已超过 3mm。

在有色金属方面,强度 $\sigma_b \leqslant 250 \mathrm{N/mm^2}$ 的铝及铝合金精冲效果甚佳;含铜 $\geqslant 63\%$ 且不含铅的黄铜,精冲质量最好。

就精冲件达到的极限精冲尺寸来看,精冲比普通冲裁进了一大步,可以精冲出孔径仅为料厚 60%(甚至更小)的孔;只有料厚 10%～20% 的极小圆角;仅有料厚 50% 的窄槽及凸台;

一定形状的弯曲件、沉孔和盲孔以及半冲孔件、打扁和压印件等。现将强力齿圈压板达到的精冲工艺水平列于表 1-5。

表 1-5　强力齿圈压板精冲的工艺水平

序号	项目	目前达到的工艺水平
1	剪切面粗糙度	剪切面微观粗糙度 R_a=0.4～1.5μm
2	表面平整度	每 100mm 长度为 0.02～0.125mm；随料厚加大而接近下限值。一般均较平整，不需再经校平即可使用
3	剪切面垂直度	可达到 89°30′，实际尺寸随料厚和间隙的增大而变化
4	尺寸精度	可达 ISA 精度等级 6～9 级，相当于国标（GB）精度等级 2～5 级，冲孔比落料高一级，12mm 以上料厚则差一些
5	毛 刺	精冲零件外形在贴近凸模一侧有一定高度的毛刺，孔的毛刺比外形小
6	塌 角	一般直线轮廓的塌角为料厚的 10%，复杂形状剪切轮廓例（如齿形等），塌角可达料厚的 25%～30%
7	精冲孔距公差	一般可达±0.01～±0.05mm，料厚加大，公差绝对值增大
8	可精冲的最小圆角半径	落料时外圆角 $R \geqslant$（0.1～0.2）t（mm），冲孔时内圆角 $r \geqslant$（0.05～0.1）t（mm）
9	可精冲的最小孔径	$D \geqslant$（0.4～0.6）t（mm），甚至更小
10	可精冲的最小窄带、槽宽	$B \geqslant 0.6\ t$（mm），甚至更小
11	可精冲最小齿型模数	$M \geqslant 0.18$（mm）
12	可精冲的最小壁厚	$W \geqslant 0.4\ t$（mm）
13	可精冲的最大料厚	25（mm）
14	精冲件的最大外廓尺寸	1000（mm）

　　多工步跳步精冲模的应用，是提高效率、降低生产成本、实现机械化与自动化精冲作业的重要条件和途径，也是安全生产的重大技术措施之一。

　　经过多年探索发展，目前国内在打造完整精冲产业链方面已经取得突破，与国外的技术差距正在逐步缩小。在精冲模具制造及零件生产方面，具有打扁、弯曲、翻边、沉孔、挤压等体积成形的复杂多工步跳步模，以及多孔高精度精冲模已在国内一些工厂投入正常生产。如齿顶圆角 $R \leqslant 0.3$、料厚 5mm 且无塌角的齿形件，9mm 无塌角的驻车爪件，汽车星型齿轮套件、汽车角调器套件，汽车压缩机阀板，汽车升降器齿板、10mm 厚不锈钢件，以及 3mm 厚高强度 65 Mn 精冲件等。

　　在精冲设备制造方面，自 1977 年从制造液压模架起步，到改装普通压力机，再到 Y99 系列全液压精冲机的研制，现如今已能自主设计制造从 $200t$ 至 $1000t$ 系列全自动精冲机及配套设备。

1.3.2　齿圈压板精冲机理

从金属塑性变形理论分析可知，金属材料在变形过程中，压应力和压应变不会导致金属破坏，引起金属材料的断面韧性破坏的原因是拉断、剪断以及纤维破坏。也就是说，拉应力及拉应变、剪应力及剪应变，以及纤维微裂的扩展，是造成变形金属材料断裂破坏的主要因素。

普通冲裁时，由于剪切应力的作用，微裂达几微米，再加拉应力的作用，就产生宏观断裂。这就是普通冲裁中常见的断面撕裂。齿圈压板精密冲压在精冲前用齿圈压入金属材料，同时利用推件板施加反顶压力并尽量减小精冲间隙，使材料变形区处于三向压应力状态，以防止普通冲裁中出现的弯曲—拉伸—撕裂现象。用齿圈压板消除变形区出现的拉应力，从而获得光洁的剪切面。这是该精冲法采用齿圈压板的理论根据。

如图 1-13 所示，为普通冲裁与齿圈压板精冲过程中金属材料变形的比较。从图中可以看出，普通冲裁时，金属材料的断面纤维被拉断、撕裂而分离；齿圈压板精冲中金属材料纤维流向清楚可见，纯属塑—剪分离。

（a）普通冲裁（×100），剪切 60% t　　（b）齿圈压板精冲（×100），剪切 60% t

图 1-13　普通冲裁与齿圈压板精冲过程中金属材料变形情况的比较

当物体受力后，内部质点改变形状的弹性位能达到一定数值时，就由弹性状态过渡到塑性状态。精冲时，当剪切变形区的材料完全进入塑性状态后，才可能进行塑性剪切分离。

物体受力进入塑性状态的总弹性位能，等于物体受力后改变形状的弹性位能与改变体积的弹性位能之和。使变形金属进入塑性状态（不论是三向应力状态，还是单向应力状态）的单位形状变化弹性位能在一定变形条件下为一常数 C，即：

$$f(\sigma_1 \cdot \sigma_2 \cdot \sigma_3) = C \tag{1-1}$$

$$C = \frac{1+\mu}{3E}(\sigma_s^2 + \sigma_s^2) = \frac{1+\mu}{3E}2\sigma_s^2 \tag{1-2}$$

式中　　$\sigma_1 \cdot \sigma_2 \cdot \sigma_3$——三向主应力值；

　　　　σ_s——变形金属材料的屈服极限；

　　　　μ——摩擦系数；

　　　　E——材料的弹性模数。

改变形状的弹性位能 A 形，等于总的弹性位能 A 总减去改变体积的弹性位能 A 体，即

$$A_形 = A_总 - A_体 \tag{1-3}$$

已知

$$A_总 = \frac{1}{2}(\sigma_1\varepsilon_1 + \sigma_2\varepsilon_2 + \sigma_3\varepsilon_3) \tag{1-4}$$

$$A_体 = \frac{1}{2} \cdot 3(\sigma \cdot \varepsilon) = \frac{3}{2}\left(\frac{\sigma_1 + \sigma_2 + \sigma_3}{3}\right) \cdot \left(\frac{\varepsilon_1 + \varepsilon_2 + \varepsilon_3}{3}\right)$$

$$= \frac{1-2\mu}{6E}(\sigma_1 + \sigma_2 + \sigma_3)^2 \tag{1-5}$$

式中　　ε_1、ε_2、ε_3——三向主应变值，其余符号同上。

根据胡克广义定律

$$\varepsilon_1 = \frac{1}{E}[\sigma_1 - \mu(\sigma_2 + \sigma_3)] \tag{1-6}$$

$$\varepsilon_2 = \frac{1}{E}[\sigma_2 - \mu(\sigma_1 + \sigma_3)] \tag{1-7}$$

$$\varepsilon_3 = \frac{1}{E}[\sigma_3 - \mu(\sigma_2 + \sigma_1)] \tag{1-8}$$

代入式（1-1）得

$$\frac{1+\mu}{3E}[(\sigma_1 - \sigma_2)^2 + (\sigma_2 - \sigma_3)^2 + (\sigma_3 - \sigma_1)^2] = C \quad C \tag{1-9}$$

$$(\sigma_1 - \sigma_2)^2 + (\sigma_2 - \sigma_3)^2 + (\sigma_3 - \sigma_1)^2 = 2\sigma_s^2 \tag{1-10}$$

分析齿圈压板精冲的工艺过程，其基本条件如下：

（1）齿圈压板和反顶压板对材料上下施压夹紧，使材料剪切变形区进入塑性状态。因此，上述二力之和对材料施压所形成的、在材料剪切区的单位压力，应大于或等于材料的屈服极限 σ_s。

（2）精冲间隙要尽量小。但间隙太小，不仅制模困难，且模具寿命显著降低。在允许范

围内，尽量放大精冲间隙是经济的。要注意间隙放大后，不应出现变形金属纤维的弯曲－拉伸－撕裂。也就是说，放大精冲间隙，不要改变精冲材料三向受压的应力状态。

（3）精神凹模的圆角刃口，可以防止变形材料出现应力集中及产生显微裂纹。圆角刃口能挤压材料进入凹模洞口。但圆角增大，必然增大零件塌角和毛刺。

由于精冲是在接近纯剪切下分离材料，其剪切面是塑－剪变形产生的，即所谓剪变形断口，它比普通冲裁（以拉变形为主）形成的断口表面质量好。经实际检定，一般齿圈压板精冲件剪切面的微观粗糙度 $R_a=0.45\sim1.5\mu m$，相当于国标（GB）表面光洁度等级▽6～▽8。而普通冲裁，当料厚超过 2mm 时，其剪切面光洁度均在▽3 以下，其粗糙度值为 $R_a>22\mu m$。

通过研究精冲机理和总结生产实践，可得出以下基本结论：

（1）齿圈压板的压力，应使材料变形区的单位压力等于或稍大于材料的屈服极限 σ_s。在生产中，一般常用的数据为 40%～60%的主冲裁力。实际上，对于强度极限值 σ_b 较大的材料（特别是当料厚超过 3mm 的强度大的材料），齿圈压板的压力，往往超过上述比例范围的上限值。

（2）齿圈上的 V 形齿，以对称的两个 45°角最佳。

（3）精冲所需的总压力，比普通冲裁的总压力约大 1 倍左右。

（4）精冲的总间隙要小，总间隙一般取料厚的 1%～1.5%。

（5）精冲模具的落料凹模和冲孔凸模要有一定的小圆角半径，一般取圆角 $R\leq$（1%～2%）t（mm）。

2

精冲零件的工艺特性

    用精冲法制造的零件，包括各种平面及立体零件，种类繁多，数量巨大。最小的精冲零件犹如一粒黄豆，最大的外形尺寸如同一顶礼帽，质量可达几千克。材料多为钢、铜合金及铝合金等，料厚为 0.3～25mm。精冲件广泛应用于汽车、通信办公、五金家电、仪器仪表、纺织机械等各工业领域。部分精冲零件见图 2-1。

图 2-1　部分精冲零件

精冲零件的基本特征包括：①尺寸的精确性；②零件表面的平整性；③冲裁面的光亮性；④批量生产的经济性。

精冲零件工艺结构的好坏，直接影响到模具的寿命和零件的质量。不合理的工艺结构，不仅不能获得合格的精冲零件，甚至会造成很大浪费。为了正确认识和应用精冲技术，熟练掌握精冲零件的工艺特性，本章介绍精冲零件的特征与工艺性。

2.1 精冲零件的特征

2.1.1 剪切面特征及质量

普通冲压零件的剪切面上，一般都具有塌角、光洁切面（即光亮带）、裂纹、撕裂面和毛刺等特征。而其中有实用价值的光洁切面，只有料厚的 20%～40%（习惯上估计为 1/3 左右）。然而，精冲零件的剪切面质量却很高，它的光洁切面基本上达到 90% 以上直至 100% 的料厚，少有甚至无裂纹及撕裂，整个剪切面均可作为零件的工作面。但是由于各种原因，在精冲零件的剪切面上，也可能出现多种情况，如图 2-2 所示。

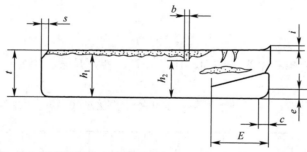

t—料厚；h_1—撕裂处最大光洁切面高度；h_2—撕裂处最小光洁切面高度；
b—撕裂宽度；s—撕裂深度；i—毛刺高度；c—塌角宽度；e—塌角深度；E—裂纹

图 2-2　精冲零件剪切面上可能出现的情况

剪切面质量规范如下：

（1）为了提高模具寿命，降低生产成本，在没有指明特殊要求的情况下，一般在精冲零件的工作面上，允许有微量的撕裂带存在。具体来说，有 1/10 料厚的撕裂带（即有料厚的 90% 光洁切面做工作面）也算是符合质量要求。

（2）光洁切面指剪切面上无裂纹、无撕裂的部分。它的质量高低，通常用表面粗糙度 R_a 的算术平均值表示。R_a 愈小则光洁度愈高。

（3）剪切面上裂纹的产生，主要是由零件几何形状不合适、材料金相组织不佳、模具设计与制造不良，以及润滑不充分等因素所引起，特别是在尖角部位容易出现裂纹。

精冲零件在接近毛刺面处会产生撕裂现象，主要是因剪切间隙大。

2.1.2 公差

精冲零件光洁切面既光滑又垂直，其倾斜角偏差一般都比较小。如图 2-3 所示为一般精冲时，料厚与倾斜角偏差值 x 的关系范围。

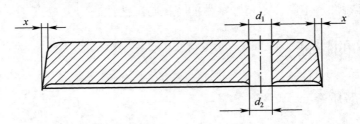

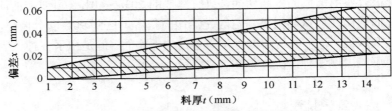

图 2-3　料厚与倾斜角偏差范围

一般精冲零件的内形孔壁光洁切面，比较垂直，特别是圆孔更好。因此，精冲内形可以比外形获得更小的公差。

精冲不同料厚的零件，内、外形所能达到的公差等级（GB）如图 2-4 所示。

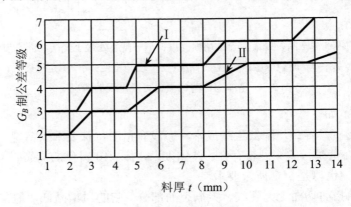

Ⅰ—落料；Ⅱ—冲孔

图 2-4　公差等级与料厚的关系

精冲零件的孔距公差范围与料厚的关系如图 2-5 所示。

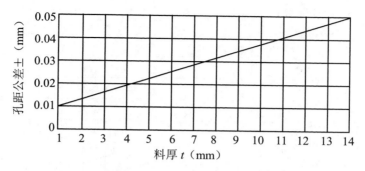

图 2-5　孔距公差与料厚的关系

　　表 2-1 所示是精冲零件经济的公差值，可供参考。在精冲条件特佳的情况下，公差值还可减小。在生产中要经常检验尺寸，最好每生产一至两千件检验一次。反之，在精冲条件差的情况下，公差值应视实际情况适当修正。

表 2-1　精冲件公差表

精冲件名义尺寸（mm）	精冲材料厚度（mm）							
	外形	内形	外形	内形	外形	内形	外形	内形
	（微米）							
3	±7	±5	±12	±7	±20	±12	±30	±20
>3～6	±9	±6	±15	±9	±24	±15	±37	±24
>6～10	±11	±7	±18	±11	±29	±18	±45	±29
>10～18	±13	±9	±21	±13	±35	±21	±55	±35
>18～30	±16	±10	±26	±16	±42	±26	±65	±42
>30～50	±19	±12	±31	±19	±50	±31	±80	±50
>50～80	±23	±15	±37	±23	±60	±37	±95	±60
>80～120	±27	±17	±43	±27	±70	±43	±110	±70
>120～180	±31	±20	±50	±31	±80	±50	±125	±80

　　实践证明，精冲低强度的材料，要比精冲高强度的材料容易获得严格的公差。

2.1.3　平面度

　　精冲零件是在三向受压状态下与金属条料分离的。因此平直度比普通冲裁的零件高，大多数是平直的，一般无须增加校平工序。

　　精冲零件平面度的高低，主要取决于精冲零件的几何形状、尺寸大小，材料厚薄和强度、原材料应力状态和成型工序类别等。

　　图 2-6 所示是精冲零件在正常情况下，每 100mm 长度内平面度大小的区间范围。低强度

材料靠近曲线下限，高强度材料靠近曲线上限。

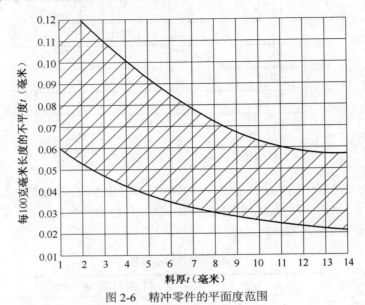

图 2-6　精冲零件的平面度范围

2.1.4　塌角和毛刺

1. 塌角

塌角是指精冲零件内、外廓平面与光洁切面交界处的不规则塑性变形面，该变形面是在凹模或凸模刃口刚开始陷入材料时产生的。塌角的大小用变形深度 e 与料厚 t 的百分比表示，如图 2-7 所示。

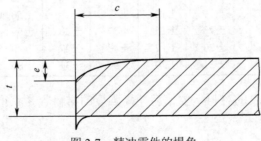

图 2-7　精冲零件的塌角

精冲零件的塌角不能完全避免。从减少精冲零件的有效工作面来说，它是一个缺陷。但是精冲所形成的塌角，要比普通冲裁的约小一倍，如图 2-8 所示。该零件是计算机齿轮，用 1.7mm 厚的冷轧钢带生产。图中麻点部分表示塌角的位置和大小。

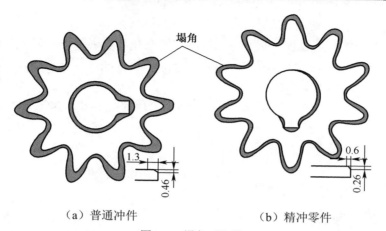

（a）普通冲件　　　　　　　　（b）精冲零件

图 2-8　塌角对比图

　　精冲零件外形的角度愈尖、圆角半径愈小、材料愈厚，塌角就愈大。甚至个别尖齿部位的塌角深度可达到料厚的 30%。

　　2. 毛刺

　　在所有精冲零件上，几乎都带有不同程度的坚硬毛刺。由于精冲是提高金属塑性不发生撕裂的加工技术，因此在小间隙和模具刃口圆弧的作用下，在剪切最后阶段，将会出现不规则的毛刺。

　　精冲零件有薄、厚两种毛刺，如图 2-9 所示。精冲零件的毛刺必须去除，去除方法视毛刺的薄厚而异。

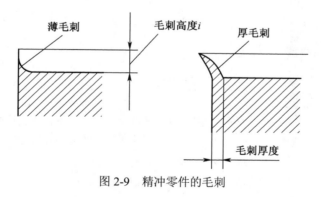

图 2-9　精冲零件的毛刺

2.1.5　硬化层

　　在精冲剪切区域内，由于三向应力的作用，使材料组织中的晶体发生冷塑变形，改变了原来材料的物理机械性能，材料硬度和强度相应增加。因此在精冲零件的光洁切面上，会产生一层硬度较高的形变硬化层，这种表面强化层在生产实践中得到了有效应用。

普通冲裁零件的光洁切面（光洁带）上的强化层的硬度，比原来基体硬度可增高 40%～60%。精冲是一个连续塑剪过程，形变硬化情况比普通冲裁急剧得多，强化层的硬度和深度，将伴随材料厚度和变形程度的变化而变化。通过实验测定，精冲零件剪切面上的形变硬化层，平均硬度要比原来基体硬度高出一倍以上。

如图 2-10 所示是含碳量 0.45%、厚 9.5mm 的钢板精冲时，形变硬化层的形成和深度变化情况。

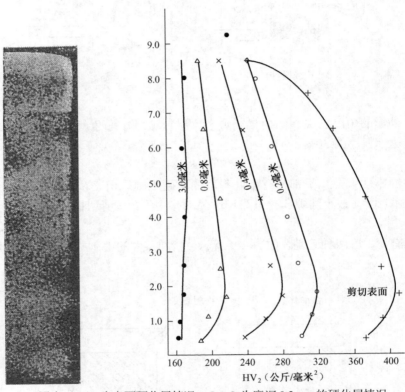

图中　+－+为表面硬化层情况；O－O 为磨深 0.2mm 的硬化层情况；

x－x 为磨深 0.4mm 的硬化层情况；△－△为磨深 0.8mm 的硬化层情况；

●－●为磨深 3mm 后的硬度情况

图 2-10　含碳量 0.45%钢板硬化层变化曲线

从图 2-10 可以看出，剪切区变形最严重处的硬化层最高，相当于原来基体硬度的 2.5 倍。当磨削深度达到 3mm 时，硬化层将消失。

形变硬化层能提高工作表面的强度和耐磨性。对于那些对基体硬度无特殊要求而仅要求表面有中等硬度的零件，精冲后可以不经淬火处理，直接进入装配线。这类零件的表面处理可采用发蓝处理工艺，它不会影响到硬化层的变化。

另外，精冲硬化层对二次冲压工序（如弯曲、压印等）不利，可能使零件某些部位发生裂痕。

2.2 精冲零件的工艺性

在普通冲裁技术中，为了确保模具能有一定的使用寿命，零件的结构形状（如细长悬臂宽、窄长凹槽宽、孔边距和小孔径等尺寸）与被冲材料厚度相比的允许经济比值，一般都比较大。采用精冲技术时，则可适当地减小上述比值，由此扩大冷冲压工艺的应用范围，并有效地解决普通冲压中难以解决的难题。

精冲技术具有以下主要特点：

（1）精冲模具必须精心设计与制造，使工作凸模在冲压过程中能得到精密的导向和可靠的保护。

（2）由于精冲内形孔的废料不是漏料，而是采用从主凸模型孔中顶出废料的结构，故凸模上的各种型孔都不必在整个凸模高度上开通，相应提高了主凸模的强度。

（3）由于被冲压的金属板料在冲压之前，受到模具上下压紧装置压牢，克服了金属板料与凸模之间的相对滑动。并且在齿圈压板的作用下，有效地控制了剪切区域内金属不规则流动对凸模受力的影响。

（4）精冲设备具有坚固的刚性、精确的滑块导向、较低的冲裁速度，故整个精冲过程处于高度平稳的工作状态。

基于上述这些主要特点，精冲模具在工作状态时，显著地减少或避免了有害的侧向载荷（即偏心载荷）对凸模的影响，所以精冲凸模要比普通冲裁的凸模能承受更大的载荷，因此精冲允许的经济比值比普通冲裁小。

在通常情况下，为了最大限度地提高模具使用寿命和改善精冲零件的质量，最小结构尺寸的设计应大于或接近于各种图算值。

2.2.1 外形轮廓

精冲零件直接相邻的两部分之间，由于几何形状的不同，在精冲过程中凸模和凹模各部分所承受的应力有很大的区别。因此精冲零件的外廓必须采用圆滑的过渡或平滑的联接，尽可能避免出现薄弱部位，以改善相邻部位承受压应力的状态，提高模具寿命和冲件质量。

如图 2-11 所示精冲零件外廓改进示例的几个例子中，图 2-11（a）是具有显著窄长悬臂的部位，根部受力状态恶劣，若改用锥形扩大圆弧过渡或用大圆弧联接，基本上改善了应力状态。图 2-11（b）内形角部有破裂的危险，改进方法是将内形角部改为圆弧联接，或适当加大角部外廓以改善受力状态。图 2-11（c）、（d）亦是设法改善薄弱部位的基本措施。

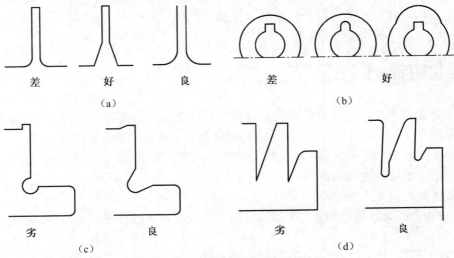

图 2-11　精冲零件外廓改进示例

2.2.2　圆角半径

图 2-12 所示为突出尖角圆角半径的影响。精冲零件在棱角部位如果没有圆角（或圆角太小），如图 2-12（a）所示。那么在精冲零件的相应部位，会出现塌角明显增大和剪切面上发生撕裂现象，而且会使落料凸模（或冲内型孔凸模）在尖角处由于受力条件恶劣而迅速崩裂。因此必须根据精冲零件尖角角度大小、材料厚薄和抗拉强度高低，确定合适的圆角半径。图 2-12（b）所示零件的圆角半径比较适当，尖角处剪切面质量较好，没有撕裂现象，因此模具工作部分的寿命也较高。

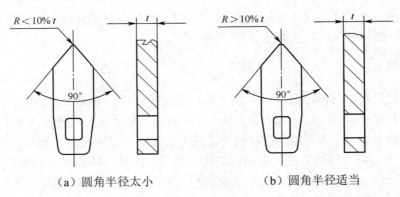

（a）圆角半径太小　　　　（b）圆角半径适当

图 2-12　突出尖角圆角半径的影响

其一，当抗拉强度为 450N/mm^2 的钢板、精冲零件的厚度在 6mm 以下时，可以由图 2-13 中查得较为合适的圆角半径值。

例如：已知料厚 t=3.5mm，尖角角度 a=30°，抗拉强度 σ_b=450N/mm²，求圆角半径 R 值。

解：由图 2-13 中查得尖角处圆角半径值为 R=1.1mm。

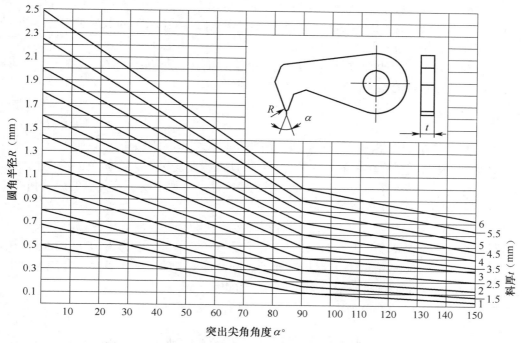

图 2-13　根据 t 和 a 值确定突出尖角处圆角半径的关系曲线

其二，对于精冲料厚在 6mm 以上的零件，可以由图 2-14 中求得尖角处圆角半径 R 值。

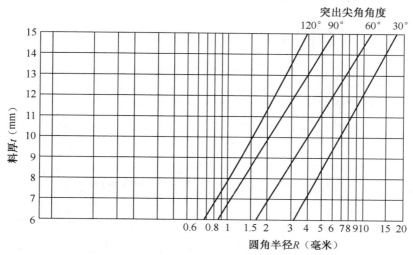

图 2-14　料厚大于 6mm 突出尖角圆角半径 R 值

例如：已知料厚 t=9mm，尖角角度 a=6°，抗拉强度 σ_b=450N/mm²。

求圆角半径 R 值。

解：由图 2-14 中查得尖角处圆角半径值为 R=3mm。

当材料的抗拉强度 σ_b>450N/mm² 时，由图 2-13 和图 2-14 中查得的数值需相应增加。增加的百分比应等于抗拉强度 σ_b 增加的百分比。

对于个别特殊情况，也允许将最小结构尺寸修正到小于各种图算值，这样虽然会影响模具寿命，但从精冲零件的整个加工成本来看是有利的。

2.2.3 孔径与槽宽

由于精冲模具在工作状态时，落料凸模和冲孔凸模分别与齿圈压板和推件板之间保持精密无松动滑配，使凸模获得良好的导向和保护。因此凸模不会由于纵弯曲而折断。在凸模抗压强度许可的情况下，精冲零件上允许精冲的小孔径尺寸，主要取决于模具钢的疲劳强度。

1. 精冲小孔直径 $d \leqslant t$ 的确定

精冲圆孔时，应力分布较冲长槽更为有利。故凸模能承受较高的压应力。一般用工具钢制造的圆孔凸模，淬火硬度大于 60HRC 时，能承受的平均单位压应力为 1600N/mm²，在某些情况下可达 1800～1900N/mm²。若采用高速钢，则允许承受的压应力更高，冲深孔的小圆凸模在特种护套的保护下，其抗压应力高达 2000～3000N/mm²。

根据精冲小孔凸模的许用平均压应力确定小孔径的计算公式为：

$$\sigma_{压} = \frac{P_{孔}}{F_{凸}} = \frac{4\pi dt\sigma_\tau}{\pi d^2} = \frac{4t\sigma_\tau}{d} \leqslant [\sigma_{压}] \tag{2-1}$$

式中 $\sigma_{压}$——凸模承受的压应力（N/mm²）；

   $[\sigma_{压}]$——凸模许用平均压应力（N/mm²）；

   σ_τ——精冲材料的抗剪强度（N/mm²）；

   d——精冲的小孔直径（mm）；

   t——精冲零件的材料厚度（mm）；

   $F_{凸}$——冲孔凸模断面积（mm²）；

   $P_{孔}$——冲孔力（N）。

根据式（2-1）得精冲孔径与料厚的关系式为：

$$\frac{d}{t} \leqslant \frac{4\sigma_\tau}{[\sigma_{压}]} \tag{2-2}$$

由此可以看出，在精冲材料不变的条件下，精冲小孔直径与凸模材料许用平均压应力成反比。

金属板料的抗剪强度很难准确知道，故往往取抗拉强度的 80%（即 $\sigma_\tau \approx 0.8\sigma_b$）。材料的抗剪强度与可延性有关，对于低强度的钢材，可取小于 80%抗拉强度。

根据实际经验，为迅速求出某种钢材的抗拉强度 σ_b，可采取布氏硬度值换算法，即 $\sigma_b \approx 0.35HB$。用这种换算方法产生的误差，一般都小于 10%。

图 2-15 所示为精冲小孔直径 d 和料厚 t 与抗拉强度 σ_b 的关系曲线图。用该图求得的数值为平均经济值，因此，在个别情况下允许按实际情况修正。

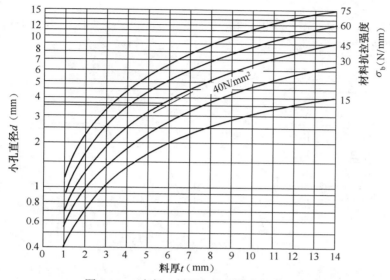

图 2-15　直径、料厚与抗拉强度关系曲线

例　已知料厚 t=6mm，抗拉强度 $\sigma_b = 400\ N/mm^2$，求小孔直径 d。

解　由图 2-15 中查得 d=3.6mm。

若取 $\sigma_\tau = 0.7\sigma_b = 280\ N/mm^2$，则冲小孔凸模的压应力为

$$\sigma_{\text{压}} = \frac{4t\sigma_\tau}{d} = \frac{4 \times 6 \times 28}{3.6} \approx 1870 \quad (N/mm^2)$$

提高精冲小孔凸模的强度是延长小孔凸模使用寿命的关键。它与本身材料、凸模的结构形状、尺寸大小、表面光洁度以及导向质量等因素有关，因此在设计和制造凸模时，要注意采用以下措施：

（1）在结构形状上，尽量避免出现应力特别集中的凸缘或凹槽。

（2）对于台阶式凸模，由于直径的突变要降低强度。在交变载荷作用下，在凸模上两个不同直径的地方有同样大小的应力时，首先损坏的是凸模截面发生突变的应力集中的地方。

（3）实验证实，凸模表面粗糙度值愈低，抗疲劳强度愈大。表面经过抛光的凸模比磨削加工的约大 1.2 倍，比粗车的约大 1.4 倍。反之，在凸模表面上形成腐蚀、拉毛等情况时，则降低 2～2.5 倍。因此凸模上承受载荷部分的表面粗糙度应不高于 0.2μm。

（4）冲小孔凸模在模具中应有良好的导向和保护，否则会在侧向载荷的作用下，促使小凸模很快折断。

（5）在精冲过程中，冲小孔凸模要经常保持良好的润滑状态，防止因强烈摩擦而降低凸模寿命。

此外，当精冲孔径小子料厚时，往往出现冲孔的废料厚度小于原来料厚。这是由于所冲废料的一部分在冲压开始阶段被压缩，而挤向孔的周围区域。

2. 精冲窄槽宽度的确定

在精冲技术的应用中，常常会碰到精冲一些窄而长的槽形零件，如图 2-16 所示为带有小孔和窄长槽的零件。

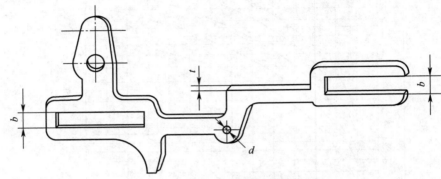

图 2-16　带有小孔和窄长槽的零件

对于窄槽零件的凸模宽度 b 的计算方法，基本上与精冲圆孔凸模的方法相同，但冲槽与冲圆孔相比，冲窄槽凸模的应力分布是不均匀的，故对凸模强度会有影响。因此冲窄槽凸模的平均许用压应力要比冲圆孔凸模的低，如平均压应力低于 1200N/mm² 时比较有利。对于精冲较短的窄槽凸模，平均许用压应力可达 1400～1500N/mm²，此时凸模使用寿命可能降低。

精冲窄槽凸模的计算公式为：

$$\sigma_{压} = \frac{P_{槽}}{F_{凸}} = \frac{2(L+b)t\sigma_{\tau}}{Lb} \leqslant [\sigma_{压}] \tag{2-3}$$

当 $L > b$ 时，$\dfrac{L+b}{L} \approx 1.0$，式（2-3）可简化为近似公式：

$$\sigma_{压} = \frac{2t\sigma_{\tau}}{b} \tag{2-4}$$

式中　$\sigma_{压}$——凸模承受的压应力（N/mm²）；

σ_{τ}——精冲材料的抗剪强度（N/mm²）；

b——冲槽凸模截面的宽度（mm）；

L——冲槽凸模截面的长度（mm）；

t——精冲零件的材料厚度（mm）；

$F_{凸}$——冲槽凸模的截面积（mm²）；

$[\sigma_压]$——凸模许用平均压应力（N/mm²）；

$P_槽$——冲槽力（公斤）。

由式（2-4），得精冲槽宽 b 与料厚 t 的关系式为：

$$\frac{b}{t} \leqslant \frac{2t\sigma_\tau}{[\sigma_压]} \tag{2-5}$$

从式（2-5）可以看出，在精冲材料不变的条件下，允许精冲的窄槽宽 b 与凸模平均许用压应力成反比。

上述公式仅是理论上的计算，实际情况则是随着冲槽凸模的布局不同而变化。精冲时窄长凸模将会受到侧向载荷的影响，这种影响在计算公式中没有考虑。因此需要根据槽长 L 和槽宽 b 的比值，相应地给出一定的安全系数。

图 2-17 表示允许槽宽 b、料厚 t、抗拉强度 σ_b 和槽长 L 的关系曲线。用该曲线求得的数值是平均经济值，在实际使用中允许按照实践经验修正，尽可能选用最大值，以利于提高模具使用寿命。

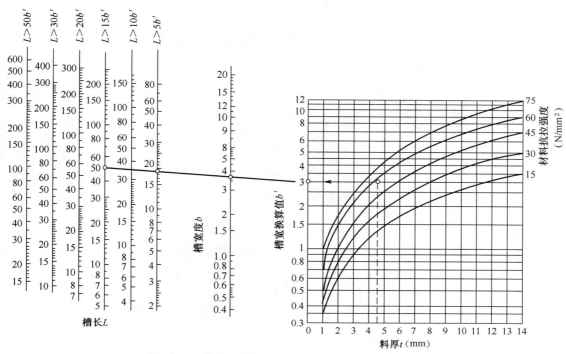

图 2-17　槽宽、料厚、抗拉强度与槽长的关系曲线

例　已知料厚 $t = 4.5$ mm，抗拉强度 $\sigma_b = 600$ N/mm²，槽长 $L = 50$ mm，求窄槽宽度 b。

解　查图 2-17 的方法如下：

（1）首先从料厚 t 线上找出厚度 4.5mm，由该点引一直线与 $\sigma_b = 600$ N/mm² 的曲线相交，并由交点引线求得槽宽换算值为 $b' = 3$；

（2）已知槽长为 $L = 50\,\text{mm}$，大于槽宽换算值的 15 倍，则应在线性比例尺 $L > 15b'$ 的线上找出槽长为 50mm 的一点。

（3）由"槽长 L"表中 $L > 15b'$ 线上标称 50mm 的点，向已求得的槽宽换算值连一直线，与槽宽线性比例尺相交于一点，该点即为所求窄槽宽 $b = 3.7\,\text{mm}$。

2.2.4 壁厚

壁厚是指精冲零件相邻两孔间、两槽壁间、孔壁与槽壁间的距离和内形边缘与外廓周边的厚度，即边距。在普通冲裁中，最小壁厚约为 $(0.8 \sim 2.5)t$，而精冲在不同情况下，一般可降低到 $(0.6 \sim 0.9)t$ 或更低。

确定精冲零件薄壁厚度的方法和确定窄槽宽度 b 的方法基本相同，但可分为几种情况，如图 2-18 所示。

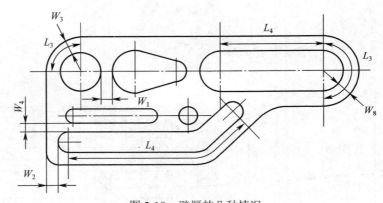

图 2-18 壁厚的几种情况

W_1 是最有利的情况，因临界截面很窄，凸模上的高峰应力在其周围材料中能很快消失。

W_2 也较好，其局部高峰应力也能较迅速在周围材料中消失。一般情况下，W_1 的尺寸允许比 W_2 减小 15%，即 $W_1 \geqslant 0.85W_2$。

壁厚 W_1 和 W_2 的允许平均经济值一般可由图 2-19 求得。

例 已知料厚 $t = 5\,\text{mm}$，抗拉强度 $\sigma_b = 500\,\text{N/mm}^2$，求壁厚 W_1 和 W_2。

解 由图 2-19 中的关系曲线上查得 $W_2 = 2.7\,\text{mm}$，
则 $W_1 = 0.85W_2 \approx 2.3\,\text{mm}$。

图 2-18 中壁厚 W_3 和 W_4 的确定方法和确定槽宽 b 的方法相同。即由图 2-17 中求得，但必须同时考虑 $L_3{:}W_3$ 或 $L_4{:}W_4$ 的比值，这与精冲窄槽的长宽比相类似。如果壁长不是直线，则 L_3 或 L_4 的长度可按中心线的长度计算；如图 2-20 所示。

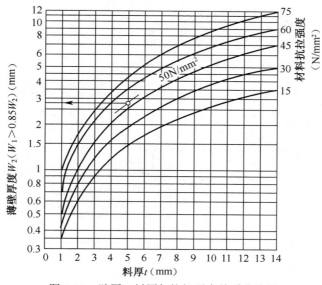

图 2-19　壁厚、料厚与抗拉强度关系曲线图

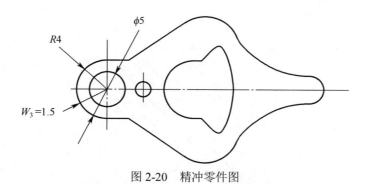

图 2-20　精冲零件图

例　已知料厚 $t = 2\,\text{mm}$，抗拉强度 $\sigma_b = 450\,\text{N/mm}^2$，验算 $W_3 = 1.5\,\text{mm}$ 是否合适。

解　根据已知条件求 L_3，即

$$L_3 = \pi\left(4 - \frac{4 - 2.5}{2}\right) \approx 10.2 \quad (\text{mm})$$

根据 L_3 的长度值，从图 2-17 上求得 $W_3 \approx 1.2\,\text{mm}$，故证明该精冲零件的最小壁厚大于图算值的 25%，有足够的安全系数。

图 2-21 是壁厚 W_2 和 W_4 的经验算图。在图算时，适用于 $\sigma_b = 450\,\text{N/mm}^2$ 的钢板，其他材料须视 σ_b 增减的百分比，按图算结果成比例修正 $W_1 = 0.85W_2$。

例　已知料厚 $t = 4\,\text{mm}$，$\sigma_b = 450\,\text{N/mm}^2$，求壁厚 W_2。

解　由图 2-21（a）查得 $W_2 = 62.5\% \, t = 2.5\,\text{mm}$。

例　已知料厚 $t = 2.5$ mm，槽长 $L=15$mm，$\sigma_b = 450$ N/mm^2。求壁厚 W_4。

解　由图 2-21（b）查得 $W_4=97\%\,t \approx 2.4$ mm。

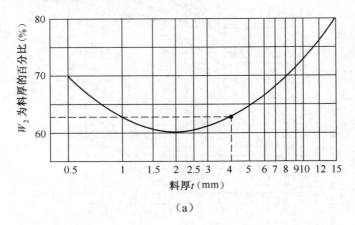

（a）

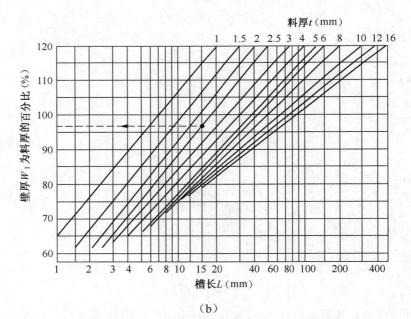

（b）

图 2-21　壁厚 W_2 和 W_4 与料厚 t 槽长 L 的关系曲线

2.2.5　齿形与窄悬臂

1. 齿形

在精冲零件的应用中，经常碰到齿轮、扇齿轮、链轮、定位轮、棘轮和各种齿条之类的齿形零件，如图 2-22 所示。

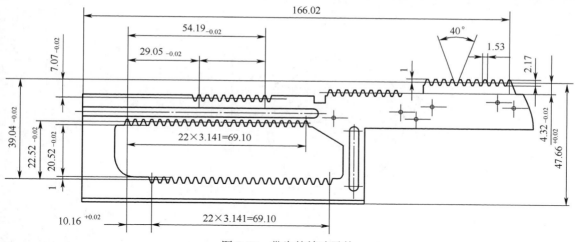

图 2-22　带齿的精冲零件

齿形零件有一定的特殊性，往往要求齿宽 b（指节圆 d_t 上的宽度）小于料厚 t。一般情况下，齿宽 $b>60\%\,t$，如图 2-23 所示。

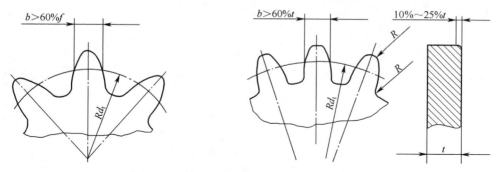

图 2-23　齿宽 b 和齿顶塌角与料厚 t 的百分比

有时在特殊情况下，齿宽 b 甚至小于料厚的 40%，如图 2-24 所示。该小模数齿轮的料厚 $t=3\,mm$，模数 $m=0.5\,mm$，齿数 $z=33$。材料的抗拉强度 $\sigma_b<450\,N/mm^2$，齿宽 $b=0.785mm$，相当于 26% t。此时齿顶塌角为 0.6mm，相当于 20% t。

齿宽 b 和模数 m 的大小，主要取决于材料强度、齿形、模具钢和热处理质量等因素。但在齿顶和齿根部分，应具有一定的圆角半径 R，如图 2-23 所示。由于齿轮的齿顶和齿根部分不是工作表面，因此在实际应用中允许这样处理。到目前为止，精冲齿轮的最小模数为 0.18mm。

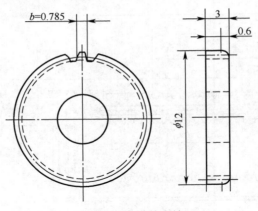

图 2-24　小模数齿轮

由于齿宽 b 小于料厚 t，因此在凸模的齿形部分承受很大的压应力。冲齿凸模许用压应力的计算公式为：

$$\sigma_压 = \frac{P_齿}{F} \leqslant [\sigma_压] \tag{2-6}$$

式中　$\sigma_压$——凸模承受的压应力（N/mm²）；

　　　$[\sigma_压]$——凸模许用平均压应力（N/mm²）；

　　　$P_齿$——冲每个齿所需冲齿力（N）；

　　　F——齿形面积（mm²）。

齿形面积 F 约等于齿高 h 和齿宽 b 所组成的矩形面，如图 2-25 所示。冲裁线 1-2-3-4 的周长近似等于 2 倍齿高加上齿宽，即冲裁线总长 $L = 2h + b$。

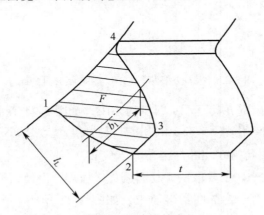

图 2-25　齿形轮廓

已知 $h = 2.16\,\text{m}$，$b = \pi m / 2$。则式（2-6）可变为：

$$\sigma_{压} = \frac{P_{齿}}{F} = \frac{(2h+b)t\sigma_{\tau}}{hb} = \frac{(2\times2.16m+\pi m/2)t\sigma_{\tau}}{2.16m\times\pi m/2}$$

$$\approx 1.74\frac{t\sigma_{\tau}}{m} \tag{2-7}$$

$$m = 1.74\frac{t\sigma_{\tau}}{\sigma_{压}} \tag{2-8}$$

式中　σ_{τ}——精冲材料的抗剪强度（N/mm²）；

　　　m——模数（mm）；

　　　t——精冲零件的材料厚度（mm）。

　　精冲齿形的凸模，除了承受较大的压应力外，还承受一定的弯曲应力。因此，精冲齿形凸模的许用压应力除个别情况外，一般 $[\sigma_{压}] \leqslant 1200$ N/mm²，否则在临界状态齿根处容易断裂。在临界范围内，精冲件的齿顶部分塌角较大，齿顶处的料厚显著变薄，特别是 $b<60\%$ t 时更严重。

　　图 2-26 是根据精冲件的料厚 t 和材料的抗拉强度 σ_b 来确定允许精冲齿形模数 m 值和节圆齿宽 b 的关系曲线。按此曲线求得的数值为平均经济值。

　　例　已知料厚 $t = 8$ mm，抗拉强度 $\sigma_b = 380$ N/mm²，求模数 m 和节圆齿宽 b。

　　解　由图 2-26 曲线上查得所需数值为 $m = 2.5$ mm，$b = 4$ mm。

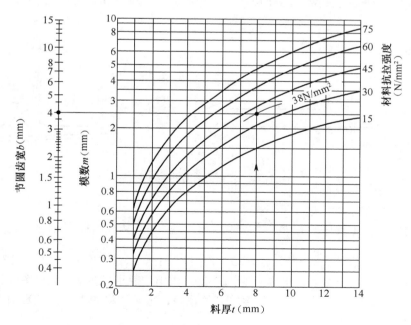

图 2-26　料厚、抗拉强度与齿形模数及齿宽关系曲线图

2. 凸耳

凸耳是指精冲零件外形轮廓上的小形舌状凸起部分，又称小凸台，如图 2-27 所示。这种小凸台凸出的长度 l，一般不大于平均宽度 b 的 3 倍，很像一个齿形。所以精冲凸耳的凸模受力情况，可以看作是一个冲切齿形的应力分布情况。在一般情况下，确定凸耳的最小宽度 b 可以用图 2-26 求节圆齿宽的方法考虑。

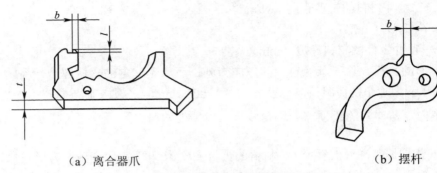

（a）离合器爪 　　　　　　　　　　　　　　（b）摆杆

图 2-27　带小凸台的精冲零件

3. 窄悬臂

窄悬臂是指精冲零件外廓上的细长针状凸起部分，又称窄带，如图 2-28 所示。

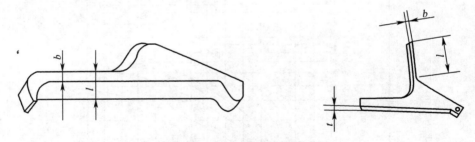

图 2-28　带窄长悬臂的精冲零件

在精冲的窄悬臂零件中，很多零件要求 $\dfrac{b}{t}<1$，因此，精冲凸模在该部位就显得很单薄，受力情况比冲窄槽的凸模还要恶劣。所以允许精冲最小窄悬臂宽度 b，按图 2-17 求得数值后，还要视实际情况加安全系数。也可以参照图 2-29，求出窄悬臂宽度 b，但该图仅适用于抗拉强度低于 450N/mm^2 的钢板。因此对于强度较高的钢板，还必须将图中查得的数值按强度增加的百分比相应增加。

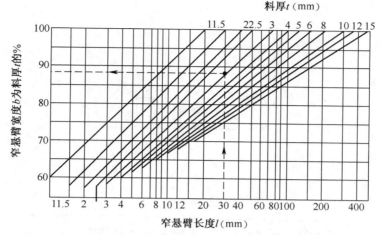

图 2-29　窄悬臂宽度 b 和长度 l 及料厚 t 的关系曲线

例　已知料厚 $t=3\,mm$，抗拉强度 $\sigma_b=450\,N/mm^2$，悬臂长度 $l=30\,mm$，求窄悬臂宽度 b。

解　根据已知条件，由图 2-17 求得 $b\approx1.85mm$，再乘上安全系数 1.3，则实际宽度 $b=1.3\times1.85=2.4mm$。

若用图 2-29 求解，则窄悬臂宽度为 $b=88\%\,t=0.88\times3=2.64mm^2$。比由图 2-17 求得的值大 10%。

若将使用的材料抗拉强度提高 1/3，即 $\sigma_b=600\,N/mm^2$ 时，则所求悬臂宽度值 b 再相应增加 1/3。此时实际宽度 $b=2.64+2.64\times\dfrac{1}{3}\approx3.5mm$。

2.2.6　倒角与沉孔

1. 倒角

倒角是指精冲零件内、外形在平面与厚度交界的棱角处，被挤压成具有一定角度或圆弧的边缘。一般挤压倒角的深度应小于 1/3 的料厚。

精冲零件的三种内形倒角如图 2-30 所示。

塌角面倒角可用复合精冲的方法，一次冲成形。即将冲孔、压倒角、落料外形并成一道工序完成，如图 2-31 所示。

当料厚小于 3mm，压 90° 倒角，其深度不大于 1/3 料厚时，材料挤压变形不明显。当倒角的角度增大（或减小），应注意使材料的压缩体积不应超过倒角深度为 1/3 料厚的 90° 倒角体积。

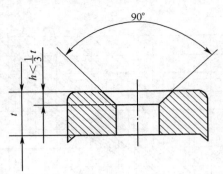

（a）塌角面倒角

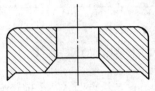

（b）毛刺面倒角　　　　　　　（c）双面倒角

图 2-30　内形倒角

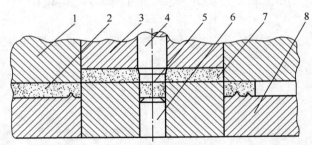

1—凹模；2—被冲材料；3—推件板；4—冲孔及压倒角凸模；5—冲孔废料；

6—顶杆；7—精冲零件；8—齿圈压板

图 2-31　复合精冲在塌角面压倒角

实践证明，压倒角的深浅与材料本身的强度有一定的关系，见表 2-2。

表 2-2　一次压 90°倒角

抗拉强度 σ_b（N/mm^2）	倒角深度 h（mm）
60	≤0.2t
45	≤0.3t
30	≤0.4t

注：t——料厚（mm）。

在毛刺面压倒角，如图 2-30（b）所示。应用跳步精冲方法，在预成形工位上先压制出倒角，然后再精冲落料外形。此时预成形孔可作为跳步落料时的导头定位孔用，如图 2-32 所示。

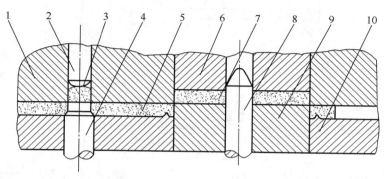

1—凹模；2—顶杆；3—冲孔废料；4—冲孔及压倒角凸模；5—条料；6—推件板；

7—精冲零件；8—导头；9—落料凸模；10—齿圈压板

图 2-32　在毛刺面压倒角

当精冲零件的内孔双面都需压倒角时，如图 2-30（c）所示。应根据倒角的深度，考虑在 1～2 道预成型工位上完成，如图 2-33 所示。用两个工位压制双面倒角，能保证孔壁有良好的光洁度。

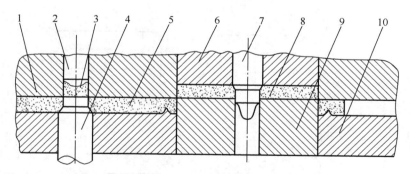

1—凹模；2—顶杆；3—冲孔废料；4—冲孔及压毛刺面用凸模；5—条料；6—推件板；

7—压塌角面倒角用导头；8—精冲零件；9—落料凸模；10—齿圈压板

图 2-33　用跳步精冲在两个工位上压制双面倒角

若采用如图 2-34 所示，在一个工位上双面同时挤压成形的方法倒角，孔壁材料变形较大，孔径公差和孔壁光洁度都不易保证在良好的范围内。

精冲零件的外形倒棱角或压制成圆弧状时，应采用跳步精冲方法，先在预工位上将精冲件所需倒角的周边，在相应部位压出成型凹痕，然后落料外形。

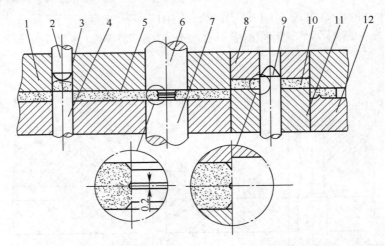

1—凹模；2—顶杆；3—冲孔废料；4—冲孔凸模；5—条料；6—压塌角面倒角凸模；7—压毛刺面倒角凸模；
8—推件板；9—挤孔凸模；10—精冲零件；11—落料凸模；12—齿圈压板

图2-34　用跳步精冲在一个工位上同时压制双面倒角

2. 沉孔

精冲零件的沉孔，按形状分为锥穴沉孔和圆柱沉孔两类，按沉孔基面又分为塌角面沉孔和毛刺面沉孔，如图2-35所示。

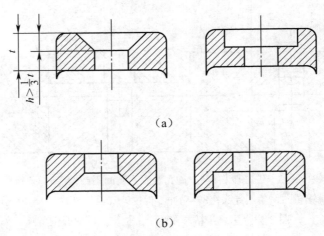

图2-35　精冲沉孔

锥穴沉孔与压倒角的性质相似，不同的是其倒角深度超过料厚的1/3以上。材料的局部变形大，不能直接挤压成型，应采用表2-3所示的工艺方法成型。

表 2-3　锥穴沉孔加工工艺方法

沉孔要求	沉孔深度为 40%料厚		沉孔深度为 60%料厚	
	毛刺面沉锥穴孔	塌角面沉锥穴孔	毛刺面沉锥穴孔	塌角面沉锥穴孔
工艺过程 1	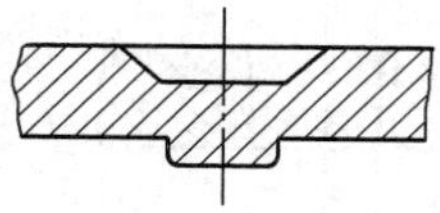	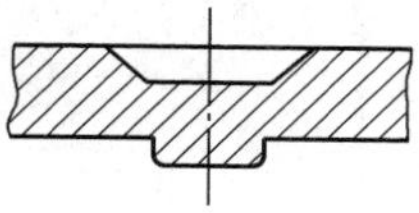	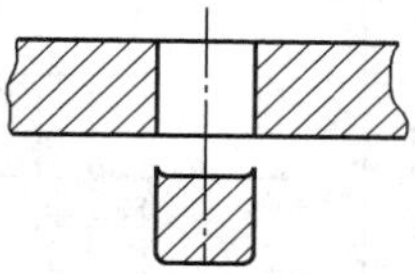	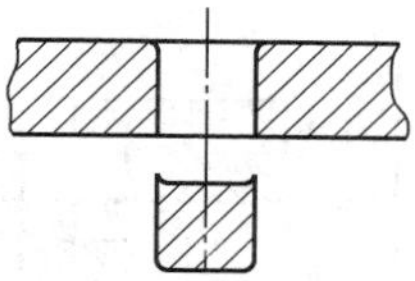
工艺过程 2				
工艺过程 3				
工艺过程 4			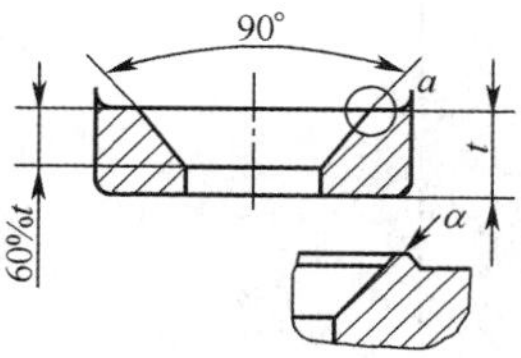	
精冲方法	跳步精冲 1. 压沉孔 2. 冲去内孔废料 3. 落料外形	跳步—复合精冲 1. 压沉孔 2. 复合精冲内外形	跳步精冲 1. 预冲孔 2. 压沉孔 3. 冲去内孔废料 4. 落料外形	跳步—复合精冲 1. 预冲孔 2. 压沉孔 3. 复合精冲内外形

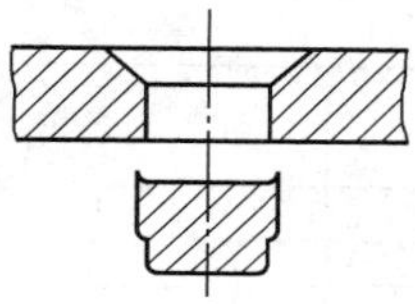

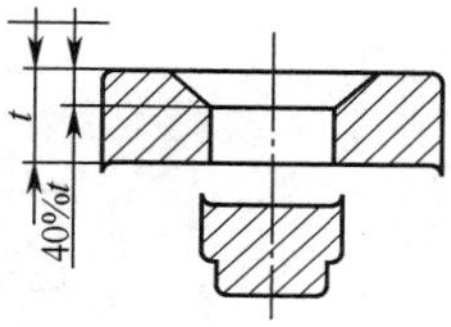

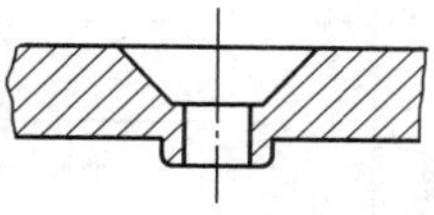

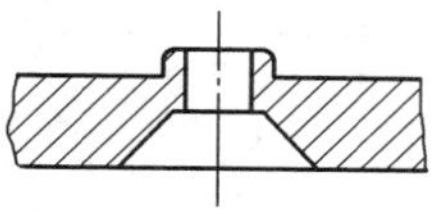

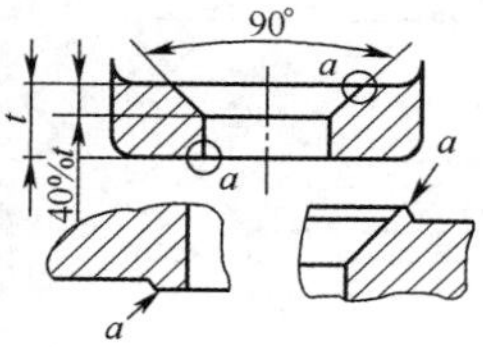

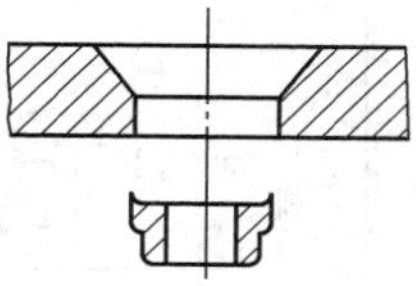

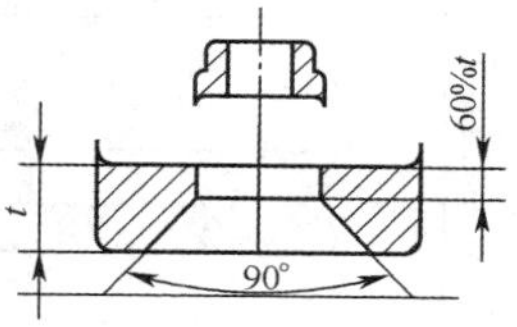

由于被精冲材料机械性能的差异，在沉孔挤压的边缘和孔底边缘产生不同程度的微量凸起，如表 2-3 和表 2-4 中箭头 *a* 所示。挤压圆柱沉孔的工艺方法见表 2-4。

Chapter 2

表 2-4　圆柱沉孔加工工艺

沉孔要求	沉孔深度为 60%料厚		毛刺面沉孔深度 60%料厚塌角面倒角或倒圆
	毛刺面沉平底孔	塌角面沉平底孔	
工艺过程 1			
工艺过程 2			
工艺过程 3			
工艺过程 4			
精冲方法	跳步精冲 1. 压沉孔 2. 冲去内孔废料 3. 落料外形	跳步—复合精冲 1. 预冲孔 2. 压沉孔 3. 复合精冲内外形	跳步精冲 1. 预冲孔 2. 压沉孔 3. 冲去内孔废料 4. 落料外形，挤压、塌角面的倒角或倒圆

图 2-36 是采用跳步精冲方式在精冲零件的毛刺面挤压长方形锥穴沉孔的实例。

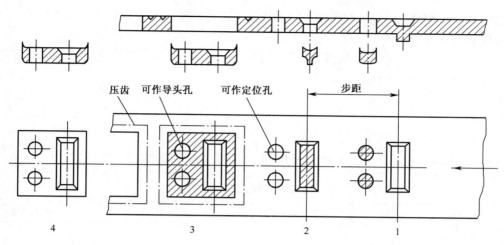

1—冲圆孔及压沉孔；2—冲沉孔废料；3—落料外形；4—精冲零件

图 2-36　在毛刺面压锥穴沉孔的跳步工艺

2.2.7　压印与半冲孔

1. 压印（浮雕）

压印（浮雕）是指精冲过程中，借助模具中带成型标记的推件板或凸模，对金属表面施加一定的压力，利用金属的塑性变形使材料厚度发生变化，在精冲零件的表面上留下数字、符号、刻度、线条、花纹和各种图案等浅压痕迹，如图 2-37 所示。

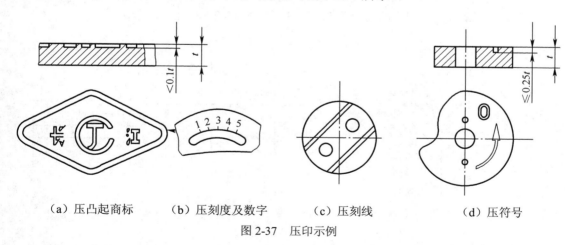

（a）压凸起商标　　　（b）压刻度及数字　　　（c）压刻线　　　　（d）压符号

图 2-37　压印示例

精冲零件的压印成形，可以和落料外形并在一副复合模上完成。此时应尽可能将压印图案设计在零件的塌角面一侧（即靠近落料凹模面一侧），以利于用刻有成型标记的推件板压制。如有特殊需要，须将压印的图案设计在毛刺面一侧时，可用刻有成型标记的凸模压制，但这种方法会增加模具制造、维修以及重磨刃口的困难。在某些情况下还会削弱凸模的强度，因此通常在凸模强度许可的条件下，在凸模工作面上镶一块压印嵌件，以便于磨刃口。

为了保证精冲零件在压印后具有良好的表面质量，应根据实际情况，对原材料事先进行适当的（如退火、酸洗和喷砂等）处理。

压印所需力量的计算公式如下

$$p = qF \tag{2-9}$$

式中　F——压印时投影面积（mm^2）；

　　　q——单位面积上的压力（N/mm^2），具体数值可参考表 2-4 所示试验数据。

表 2-5　单位面积压力

材料	q（N/mm^2）	材料	q（N/mm^2）
在料厚小于 1.8mm 的黄铜板上压凸凹图案	80～90	20～25 号钢	180～200
铝合金	100～120	35～45 号钢	250～300
10～15 号钢	130～160	不锈钢	250～300

压印力随材料厚度的减薄和变形速度的提高而急剧增加，只有当材料的流动性很大时，所需压印力才有所减小。

对于压制花纹（浮雕），当金属材料被挤压深度小于 0.25 倍料厚时，可以在模具上、下工作面上，做成一面成型另一面为光面，如图 2-38（a）所示。

当压制花纹的深度大于 0.25 倍料厚时，在一般情况下（特别是对高强度材料），应在压印的凸、凹模工作面上做出相应的凸槽、凹槽，其尺寸如图 2-38（b）所示。

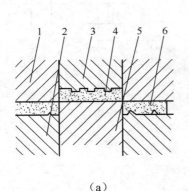

（a）

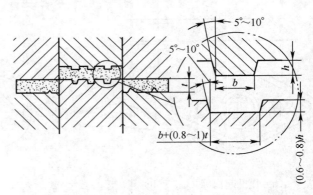

（b）

1—凹模；2—齿圈压板；3—推件板；4—精冲零件；5—凸模；6—条料

图 2-38　压花纹模具工作部分简图

2. 半冲孔（冲盲孔）

半冲孔又称冲苞或冲凸台，一般分三种情况，如图 2-39 所示。

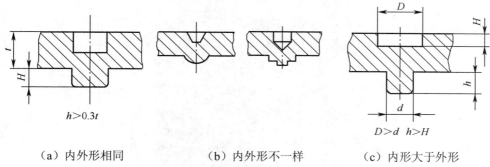

（a）内外形相同　　　　　（b）内外形不一样　　　　（c）内形大于外形

图 2-39　半冲孔

如图 2-39（a）所示，内外形截面尺寸相同的半冲孔最容易加工。如果半冲孔的凸起部分在精冲零件的毛刺面一侧，可用复合精冲方法，即在凹模一侧用较短的冲孔凸模一次成型。

对于图 2-39（b）和（c）内、外形截面不一样的半冲孔零件，应该使外形体积不得少于内形体积。外形的几何形状和尺寸精度主要取决于凹模；反之，内形应取决于凸模。

在实际应用中，如果要求半冲孔的凸起部分在精冲零件的塌角面，则必须采用跳步精冲方法，在落料前增加一道预成形工位。

如图 2-40（b）所示的精冲零件，要求一侧不允许有凸起的深盲孔。这种孔不能直接冲压，应先用半冲孔的方法冲凸，保证内形尺寸，如图 2-40（a）所示。然后再增加一道机械加工工序，用铣削或磨削的办法去掉凸起部分。实践证明，用这种工艺手段满足特殊精冲零件的要求比较经济。

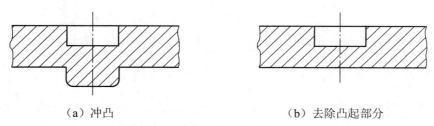

（a）冲凸　　　　　　　　　　　　　（b）去除凸起部分

图 2-40　零件一侧不凸起的半冲孔

用精冲方法加工的半冲孔，由于塑剪的作用，不必考虑孔壁撕裂和在孔底截面上产生裂纹，如图 2-41 所示。由于材料的晶粒结构，在三向压应力的作用下流动，产生形变硬化作用，相应地提高了半冲孔部位的强度。

图 2-41　半冲孔时凸模切入 90% t

2.2.8　立体成形

　　立体成形是指金属板料在精冲过程中，通过模具对它施加强大压力，利用金属本身的冷态可塑性，将金属的一部分体积重新分布，改变原来的几何形状，成为各式各样的立体实心件。

　　在立体成形工艺中，应用最广泛的是把板料厚度局部压薄（即挤扁），使垂直于压力方向的金属毛坯的断面扩大尺寸。然后再精冲外形，从而获得在同一零件上具有厚薄不一的立体精冲零件，如图 2-42 所示。

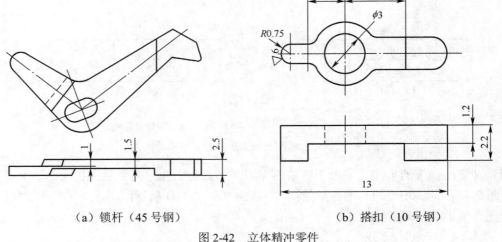

（a）锁杆（45号钢）　　　　　　　　（b）搭扣（10号钢）

图 2-42　立体精冲零件

料厚变薄的立体精冲，一般分为单、双面两种压薄，如图 2-43 所示。

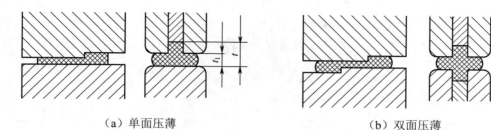

（a）单面压薄　　　　　　　　　　　　（b）双面压薄

图 2-43　料厚变薄情况

金属板条被挤压变薄时，由于变形方式不同，其制动系数也不同。制动系数是指金属摩擦面（即与模具的接触面）与自由流动面的比：

$$n = \frac{F_T}{F_n} \tag{2-10}$$

式中　F_T——摩擦面积（mm^2）；

　　　F_n——自由流动面积（mm^2）；

　　　n——制动系数。

摩擦面愈大，制动系数愈大，金属流动所需挤压力也愈大。金属板料中间部位的抗变形力比边缘的大，因此，材料变薄在整个变形面上并不完全一致，导致中间厚四周薄。被挤压平面愈大，此现象愈严重。

允许极限变薄的程度可用下式表示：

$$E = \frac{t - t_1}{t} \cdot 100\% \tag{2-11}$$

式中　t——毛坯厚度（mm）；

　　　t_1——变薄厚度（mm）；

　　　E——变薄系数，其值参考表 2-6。

表 2-6　圆形毛坯在静载荷时变薄系数 E 的试验值

材料	状态	平面变薄 E%	挤入型腔变薄 E%
10 号、15 号钢	退火	60～70	70～80
30 号、35 号、40 号钢	退火	35～45	45～50
45 号、50 号钢	退火	30～40	40～45
1Cr18Ni9Ti	固溶处理	75～80	80～90
铜 T1、T2、铝	退火	75～80	80～90

在实际应用中，精冲立体零件的成形，大都采用跳步精冲的方法，其工艺过程如图 2-44 所示。

料厚在变薄时，挤压部位可能出现小凸起，如图 2-44（a）的位置。落料外形时，零件厚薄临界区应错开一点，如图 2-44（b）的位置。变薄厚度 t_1 的尺寸精度，通过调整模具保证。

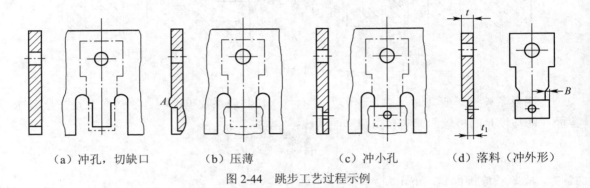

（a）冲孔，切缺口 　　　（b）压薄 　　　（c）冲小孔 　　　（d）落料（冲外形）

图 2-44　跳步工艺过程示例

除了用跳步精冲的方法生产立体精冲零件外，在不影响产品性能的情况下，适当改变零件的结构，也可以采用复合精冲的方法。例如，图 2-45（a）只能用跳步精冲挤压成形的方法，在不变动该零件工作尺寸的前提下，将结构改成图 2-45（b）的形状，简化零件制造工艺，采用复合精冲，用半冲孔的方式一次成形。

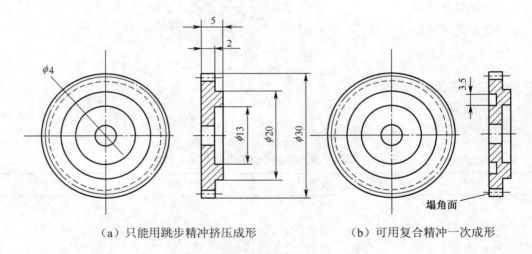

（a）只能用跳步精冲挤压成形 　　　（b）可用复合精冲一次成形

图 2-45　改变零件结构简化工艺的示例

采用跳步工艺立体成形，应视零件的几何形状和变薄程度，事先在条料上安排好切除废料的工位。使金属在被挤压的过程中能有足够的自由流动，如图 2-46 所示。

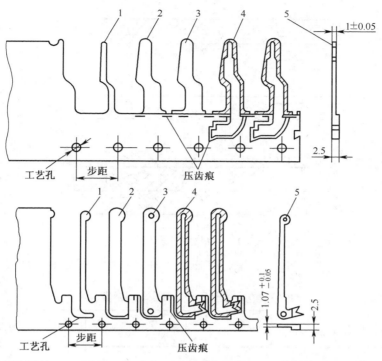

1—切除工艺废料留搭边；2—压扁；3—冲孔、压齿（或空步）；4—落料外形；5—冲下的立体精冲零件

图 2-46 两种零件的跳步立体精冲工艺图

为保证送料步距的精度要求，必须考虑好定位用的导头孔位置。当零件本身无合适孔位可利用时，应在条料或卷料不变薄部位，合理安排工艺导头孔。导头孔直径不宜太小，一般要大于 ϕ4mm。

为有效地控制金属的流动，保证良好的剪切质量，应按实际情况在条料上局部加齿圈压紧，见图 2-46 压齿痕处。

经过精冲立体成形的零件，一般不需要进行机械加工。其变薄部分的厚度公差能控制在 ±0.05mm 范围内，表面光洁度可达▽8，同时成形轮廓清晰，质量较好。此外，由于形变冷作硬化的作用，相应地提高了精冲零件变薄部分的强度和刚性。

2.2.9 接合工艺

接合工艺是将两件或两件以上的精冲零件，接合成永久性的连接，通常采用压合、铆合和焊合三种方法接合。一般可用精冲方法，按技术要求先在毛坯上冲出凸台、沉孔和焊泡等预备工序，再进行接合。

图 2-47 所示是将两个零件铆合在一起的典型实例。事先在件 1、件 2 上冲制好符合要求的凸台和沉孔，然后铆合成永久性连接。

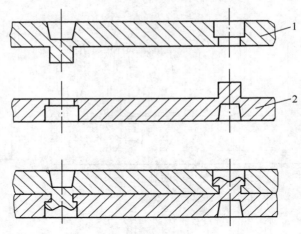

图 2-47   精冲零件铆合实例

表 2-7 所示为精冲零件进行压合、铆合、焊合三种接合工艺的实例和技术要求。

表 2-7   精冲零件压合、铆合、焊合实例

接合方式		压合	铆合	焊合
工艺过程	1			
	2			
	3			
加工方法		1. 半冲孔凸台的直径要大于孔径增加压过盈量 2. 毛刺面的凸台用复合精加工 3. 塌角面的凸台用跳步精冲加工	1. 铆合凸台直径与料厚和材料变形程度有关，材料聚集会影响冲件的平直度 2. 毛刺面铆合凸台用复合精冲加工 3. 塌角面铆合凸台用跳步精冲加工	1. 半冲孔凸起焊泡的高低与料厚和材料的变形程度有关 2. 焊泡在毛刺面用复合精冲加工 3. 焊泡在塌角面用跳步精冲加工

2.2.10 精冲零件工艺编制

根据产品设计文件的技术要求，工艺人员除认真考虑精冲零件结构工艺性能外，在设计精冲模具之前，应按下列要求绘制精冲零件工艺图和标注有关技术说明。

（1）尺寸公差和形位公差。

（2）有光洁度要求的工作面（配合面）范围。

（3）非工作面的要求。

（4）剪切时零件的毛刺方向。

（5）剪切面的粗糙度要求。

（6）材料的种类及其机械性能和工艺特性。

（7）材料的规格和压延方向。

（8）排样要求等。

图 2-48 所示是办公机械上的一种精冲零件。它的工艺技术要求如下：

（1）图中点划线和双点划线为工作面范围。

（2）剪切面粗糙度要求（按 GB1031－68）为点划线 R_a =12.5～2.5μm，相当于▽6；双点划线 R_a =0.63～1.25 μm，相当于▽7。

（3）工作面要求 90%以上的料厚是光洁剪切面，非工作面允许有部分撕裂带。

（4）未注公差的尺寸一律按 GB8 级公差。

（5）精冲材料为高碳工具钢 T8A 冷轧钢带（YB208－63）经球化退火处理，球化等级为 4～6 级，最大抗拉强度 σ_b≤600N/mm^2。

（6）材料规格：卷料尺寸 1.2$_{-0.05}$×110$_{-0.5}$mm；压延方向垂直于卷料宽度方向；送料步距 29mm。

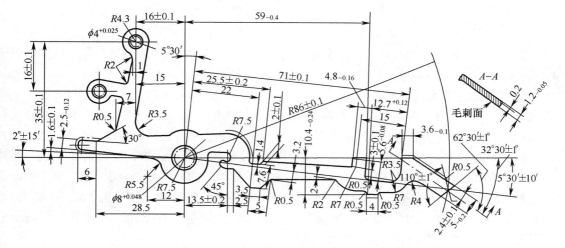

图 2-48 精冲工艺图示例

Chapter 2

（7）冲件排样要求斜排 37°，如图 2-49 所示。

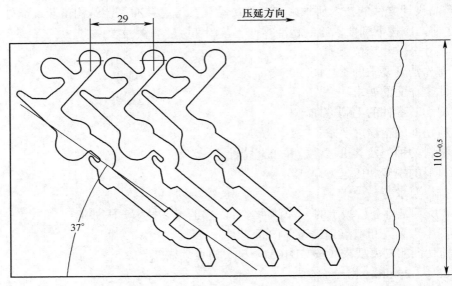

图 2-49　排样图

（8）最大剪切力 $P_大 \approx 30$ 吨；压齿力 $P_齿 \approx 15$ 吨；反压力 $P_推 \approx 5$ 吨。
（9）精冲设备选用增加液压装置的 JB21－100 冲床。

2.3　精冲材料

2.3.1　黑色金属

适宜于精冲的材料大部分是黑色金属，约有 85%～95%的精冲件是钢制件，以抗拉强度 300～600N/mm^2、含碳量 0.35%以下的钢材应用最为普遍。

1. 精冲对材料性能的要求

适宜精冲的材料，要求具有低的屈服强度与抗拉强度、高的延伸率与收缩率，这样的材料在较低的载荷下开始流动，具有较高的变形能力，有利于精冲的进行。表 2-8 列出适宜于精冲的常用钢材的牌号及其机械性能。各种钢材精冲时的适应性列于表 2-9，表中介绍的可精冲材料的厚度值为参考值，主要根据对零件剪切面质量和模具的使用寿命要求而定，属于经济值而非极限值。如 65 号钢精冲，表中介绍可冲厚度为 3mm，实际上冲制厚度已达 6mm，但这对模具的使用寿命不利，仅适宜于小批量生产。表中未列的材料可冲厚度，可按其抗拉、抗剪、屈服等强度与表中相近钢材的数值比较而定。

表 2-8　适宜精冲的主要钢材的机械性能

钢类	钢号	屈服强度（N/mm²）	抗剪强度（N/mm²）	抗拉强度（N/mm²）	延伸率（%）	硬度
电工纯铁	DT1、DT2、DT3		180	230	26	70～80
普通碳素钢	A1		260～320	320～400	33	
	A2	190～220	270～340	340～420	31	
	A3	220～240	310～380	380～470	26	
优质碳素结构钢	08	200	220～320	280～400	30	78～112
	08A1		210～260	260～330	44	75～92
	08F	180	220～310	280～390	32	78～112
	10 号钢	210	220～320	280～400	30	78～112
	15 号钢	230	260～400	320～500	22	88～138
	20 号钢	250	260～440	320～550	20	88～154
	30 号钢	300	320～480	400～600	16	112～167
	35 号钢	320	320～520	400～650	16	112～180
	40 号钢	340	360～560	450～700	15	125～194
	45 号钢	360	360～560	450～700	15	125～194
	50 号钢	380	360～600	450～750	13	125～194
	55 号钢	390	360～600	450～750	12	125～194
	60 号钢	410	360～600	450～750	12	125～194
	65 号钢	420	360～600	450～750	10	125～194
	70 号钢	420	360～600	450～750	10	125～194
合金结构钢	15CrMn	600	470～580	590～720	12	170～207
	20CrMn		500～610	630～760	12	179～217
	25CrMnSi		400～560	500～700	18	152～212
	50CrVA		720	900	10	≈235
弹簧钢	65Mn		440～640	550～800	14	152～223
	55Si2Mn		640	800	20	≈235
碳素工具钢	T8A		520	650	20	≈180
	T10A		600	750	10	≈208
耐热不锈钢	0Cr13		340	430	23	≈123
	1Cr13	420	320～380	400～470	21	≈115
	2Cr13	450	320～400	400～500	20	≈144
	3Cr13	480	400～480	500～600	20	≈144
	4Cr13	500	400～480	500～600	15	≈172
	Cr17	350	400	500	18	≈144
	0Cr18Ni9	220	430	540	45	≈158
	1Cr18Ni9	200	460～520	580～640	35	≈158
	1Cr18Ni9Ti	200	430～550	540～700	40	≈158

注：1. 表中除 0Cr18Ni9、1Cr18Ni9、1Cr18Ni9Ti 钢为固溶处理状态外，其余钢均为退火状态。
　　2. 表中数值非冶金部部颁标准指标，仅供参考。

表 2-9　各种钢材精冲的适应性

钢号					可冲厚度上限（mm）	精冲效果
中国（YB）	美国（AISI）	西德（DIN）	日本（JIS）	苏联（ГОСТ）		
10 号钢	1010	C10	S10C	10 号钢	15	很好
15 号钢	1015	C15	S15C	15 号钢	12	很好
20 号钢	1020	C22	S20C	20 号钢	10	很好
25 号钢	1025		S25C	25 号钢	10	很好
30 号钢	1030		S30C	30 号钢	10	很好
35 号钢	1035	C35	S35C	35 号钢	8	良好
40 号钢	1040		S40C	40 号钢	7	良好
45 号钢	1045	C45	S45C	45 号钢	7	良好
50 号钢	1050	CK53	S50C	50 号钢	6	良好
55 号钢	1055	Cf56	S55C	55 号钢	6	良好
60 号钢	1060	C60	SWRH4B	60 号钢	4	良好
65 号钢	C1065	CK67	SUP2	65 号钢	3	良好
T8A	W1-0.8C	C85W2	SKU3	Y8A	3	良好
15CrMn		16MnCr5		15ХГ	5	很好
15Cr		15Cr3	SCr21	15Х	5	良好
20CrMo	4118	20CrMo5	SCM22	20ХМ	4	良好
20CrMn		20MnCr5			4.5	良好
42Mn2V		42MnV7			6	良好
GCr15	E52100	100Cr6	SUJ2	ШХ15	6	尚可
0Cr13	410	X7Cr13			6	良好
1Cr13	403	X10Cr13	SUS21	1Х13	5	良好
4Cr13		X40Cr13		4Х13	4	良好
Cr17	430	X8Cr17	SUS24	Х17	3	良好
0Cr18Ni9	304	X5CrNi189	SUS27	0Х18Н9	3	良好
1Cr18Ni9	302	X12CrNi188	SUS40	1Х18Н9	3	很好
1Cr18Ni9Ti	321	X10CrNiTi189	SUS29	1Х18Н9Т	3	良好

注：很好——理想的精冲的材料，剪切面光洁度高，模具寿命长。

　　良好——适宜于精冲的材料，剪切面光洁度好，模具寿命正常。

　　尚可——勉强用于精冲的材料，用于形状复杂的零件时，剪切面撕裂，模具寿命短。

　　选择精冲材料牌号时，必须依据零件的形状、尺寸以及对剪切面质量和零件机械性能的要求而定。在大批量生产时，还应考虑材料的选择对模具使用寿命的影响。

2. 材料组织对精冲质量的影响

钢材组织对精冲剪切面的质量影响很大，钢中硫、磷的偏析将会造成剪切面的撕裂，钢中珠光体组织的形态影响更为显著。钢中珠光体的形态见图 2-50。

 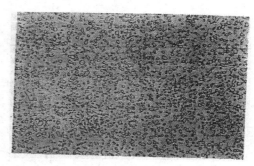

（a）片状珠光体　　　　　　　　　　　　（b）球状珠光体

图 2-50　珠光体组织的形态

精冲时，钢中组织如为片状珠光体，在剪切过程中，凸模要切断很硬的渗碳体，造成模具的极大磨损，导致剪切面的撕裂，见图 2-51。钢中组织如为球状珠光体，在剪切过程中，它被压入到软的铁素体的基体中，不致为凸模所剪切，可使模具耐磨寿命提高和剪切面光洁，见图 2-52。

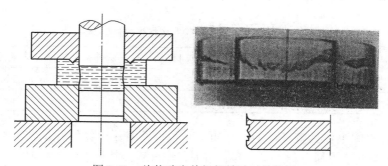

图 2-51　片状珠光体组织精冲时的情况

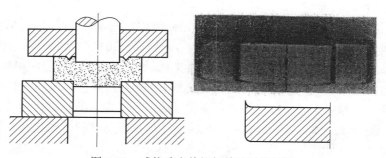

图 2-52　球状珠光体组织精冲时的情况

球状珠光体组织具有较低的硬度（见图 2-53）及良好的机械性能（列于表 2-10），适宜于冷冲压。

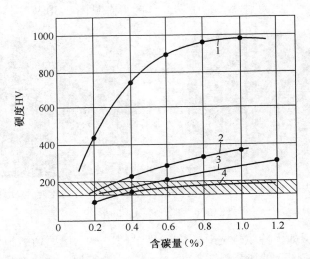

1—马氏体（淬火状态）；2—细片状珠光体（正火状态）；3—粗片状珠光体（退火状态）；

4—球状珠光体（球状退火状态）

图 2-53　碳钢的组织对硬度的影响

表 2-10　共析钢的组织对机械性能的影响

钢材组织	抗拉强度（N/mm²）	硬度 HB	延伸率（%）	断面收缩率（%）
片状珠光体	820	228	15	30
球状珠光体	630	163	20	40

球状珠光体组织不仅具有良好的冷冲压工艺性，而且由于组织较均匀，故工件淬火时变形、开裂、过热倾向小，加热范围宽，容易掌握，淬火后又能得到细针状马氏体加球状渗碳体组织，机械性能好。所以具有珠光体组织的钢材是理想的精冲材料。

3. 钢材的球化退化处理

利用热处理的球化退火处理来得到球状珠光体组织，它是靠片状渗透体的自发球化倾向和聚集长大。当原始组织为片状的珠光体加热至 A+20℃～30℃温度时，渗碳体开始但又未完全溶解，一片片的渗碳体断开成许多细的点状渗碳体，弥散分布在奥氏体基体上。由于加热温度较低，碳化物不完全溶解，造成奥氏体的成分极不均匀，在随后的缓慢冷却过程中，或以原有的细渗碳体质点为核心、或在奥氏体中碳分富集的地方产生新的渗碳体核心，均匀地形成颗粒状的渗碳体。刚形成的渗碳体颗粒很小，在缓慢冷却或等温过程中碳化物聚集，由于球状表面积最小，能促使能量状态的降低，所以最后能长成一定尺寸的球状渗透体。

生产中常用的球化退火工艺有以下几种：

（1）缓冷球化退火系将钢材加热到 A+20℃～30℃温度（常用钢材的临界点列于表 2-11），保温数小时后，以 30℃～50℃/小时（碳素钢）或 10℃～20℃/小时（合金钢）的冷却速度，缓慢冷却到 600℃温度左右，再随炉冷却至 300℃温度出炉，见图 2-54（a）。

表 2-11　常用钢材的临界点

钢号	临界点（℃）				钢号	临界点（℃）			
	Ac_1	AC_3 或 Ac_m	Ar_1	Ar_3 或 Ar_m		Ac_1	AC_3 或 AC_m	Ar_1	Ar_3 或 Ar_m
40 号钢	724	790	680	760	1Cr13	730	850	700	820
45 号钢	724	780	682	751	2Cr13	820	950	780	
50 号钢	725	760	690	720	3Cr13	820		780	
55 号钢	727	774	690	755	4Cr13	820	1100		
60 号钢	727	766	690	743	Cr17	860		810	
65 号钢	727	752	696	730	15CrMn	750	845		
70 号钢	730	743	693	727	25CrMnSi	750	835	680	
T8A	730		700		50CrVA	752	788	688	746
T10A	730	800	700		55Si2Mn	775	840		
65Mn	726	765	689	741					

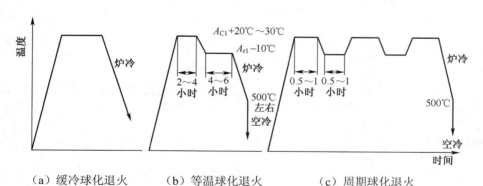

（a）缓冷球化退火　　　（b）等温球化退火　　　（c）周期球化退火

图 2-54　各种球化退火工艺规程示意图

（2）等温球化退火系将钢材加热到 A+20℃～30℃温度，透烧后保温 2～4 小时（时间随装炉量而定），然后随炉冷却到 A 点以下约 20℃，等温 4～6 小时，再随炉冷却至 600℃～500℃温度出炉，见图 2-54（b）。等温球化退火能缩短退火周期，获得均匀的球化组织，是常用的球化退火工艺。

（3）周期球化退火与等温球化退火工艺相似，但加热、保温、冷却、等温需经多次循环，见图 2-54（c）。周期球化退火生产周期长，操作烦琐，仅用于原始组织为粗片状珠光体或渗碳体弥散度过小的钢材。

为防止钢材在球化退火过程中氧化、脱碳，必须采用装箱加热，将待精冲的同一钢号的条料或带料，整齐地平放在垫有干净、无水分的生铁屑的铁箱内，然后用生铁屑填满，并用粘土密封箱盖，如能采用真空或可控气氛加热则更好。

球化退火的质量，一般以退火后钢中珠光体球化的级别判定。按冶金部标准的规定，碳素工具钢珠光体的球化级别，根据其球化率（即球化所占百分比）及球的大小分为十级，见表 2-12。其中 1～3 级以细片状珠光体的含量为主要评定依据；4～6 级以小球状或球状珠光体的含量为主要评定依据；7～10 级以粗片状珠光体的含量为主要评定依据。对于碳素工具钢，精冲要求球化级别为 4～6 级。

表 2-12　碳素工具钢珠光体级别

1 级	细片状珠光体约占 60%以上，余为点状及小球状珠光体
2 级	细片状珠光体约占 30%～40%，余为点状及小球状珠光体
3 级	细片状珠光体占 10%左右，余为点状及小球状珠光体
4 级	小球状珠光体点 50%，余为球状珠光体
5 级	球状珠光体约占 70%，余为小球状珠光体
6 级	球状珠光体约占 90%，余为小球状珠光体
7 级	粗片状珠光体约占 10%，余为球状及小球状珠光体
8 级	粗片状珠光体约占 30%，余为球状及小球状珠光体
9 级	粗片状珠光体约占 60%，余为球状及小球状珠光体
10 级	粗片状珠光体约占 90%，余为球状珠光体

注：1. 此标准已为 GB1298－77 碳素工具钢技术条件所代替，新标准规定碳素工具钢珠光体级别为 6 级。
　　2. 金相观察用 4%苦味酸酒精溶液浸蚀，放大 500 倍。
　　3. 细片状珠光体——指在 500 倍放大下（下同）片间距基本上分辨不清者。
　　4. 点状珠光体——珠光体中的渗碳体颗粒全部呈黑色，无明显的边缘。
　　5. 小球状珠光体——珠光体中的渗碳体颗粒的直径在 0.5～1mm 之间者。
　　6. 球状珠光体——珠光体中的渗碳体颗粒的直径在 1mm 以上者。
　　7. 粗片状珠光体——片间距离清晰可辨者。

球化退火的质量主要取决于以下因素：

（1）加热温度是保证珠光体能否球化的主要因素。成分均匀的奥氏体，在冷却过程中形成片状珠光体；成分不均匀的奥氏体，或含有未溶渗碳体质点的奥氏体，则形成球状珠光体。若加热温度过高，超过 A 点，渗碳体全部溶解，形成均匀的奥氏体，在随后缓慢冷却过程时形成片状珠光体。若加热温度过低，渗碳体溶解不够，有的区域仍保留薄片的形状；有的渗碳体片层已断开，因溶解不够，形成了过多的点状渗碳体，在冷却过程中，得到点状渗碳体和片状珠光体的混合组织，钢材硬度偏高。加热温度对珠光体球化的影响见表 2-13。

表 2-13　加热温度对 T8A 钢球化珠光体级别的影响

加热温度（℃）	740	750	760	780	800
珠光体级别	7～8	5～6	4～6	7～8	9～10

注：试样原始组织的珠光体级别为 7～8 级。

（2）冷却速度主要影响渗碳体的弥散度，即影响球状珠光体颗粒的大小，决定钢材硬度的高低。冷却速度大，珠光体在较低温度下形成细小的渗碳体颗粒，这时渗碳体弥散度大，聚集作用小，造成退火后硬度偏高。冷却速度对珠光体球化的影响见表 2-14。

表 2-14　冷却速度对 T8A 钢球化珠光体形态的影响

原始组织（珠光体级别）	冷却速度	珠光体形态
八级	10℃/小时	90%为球状珠光体，其他为小球状珠光体
	20℃/小时	60%～70%为球状珠光体，其他为小球状珠光体，大部分球不圆
	50℃/小时	50%～60%为球状珠光体，其他为小球、点状和细片状珠光体
	随炉冷	细片状、小球状、点状和球状珠光体
七级	20℃/小时	90%为球状珠光体，其他为小球状珠光体

注：试样加热至 760℃保温 3 小时后，随炉冷至 730℃，再以不同的冷却速度冷至 690℃，等温 6 小时。

（3）渗碳体在等温阶段同样析出与长大，等温温度高，渗碳体弥散度小，聚集作用强烈，形成均匀不一的粗粒状渗碳体，硬度偏低，等温温度过低，由奥氏体中析出弥散度很高的细小的渗碳体颗粒，由于聚集作用不够，形成小球状甚至点状的珠光体，硬度偏高。

另外加热时间、等温时间、钢材的原始组织等对球化退火质量也有一定的影响，列于表2-15 和表 2-16。

表 2-15　等温时间对 T8A 钢球化珠光体形态的影响

等温时间（小时）	珠光体形态
3	50%～60%为球状珠光体，余为小球状珠光体
6	90%为球状珠光体，余为小球状珠光体
12	90%为球状珠光体，余为小球状珠光体

注：试样加热至 760℃保温 3 小时后，以 10℃/小时速度冷至 690℃等温不同时间。

表 2-16 原始组织对 T8A 钢球化珠光体级别的影响

珠光体级别	原始组织	2～3	7	8	9～10
	球化退火后	4	5～6	6	7～8

图 2-55 为 45 号钢和 T8A 钢的等温球化退火典型工艺规程。45 号钢经等温球化退火后的组织见图 2-56。

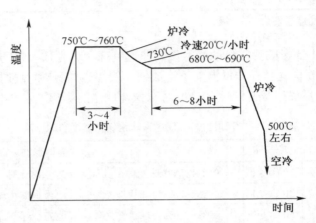

图 2-55 45 号钢、T8A 钢等温球化退火工艺规范

图 2-56 45 号钢球化组织

无论是碳素工具钢或合金工具钢，在球化退火处理前，组织中如有严重的二次渗碳体，则先进行正火处理，消除网状渗碳体，减少二次渗碳体，有利于球化退火的进行。

2.3.2 有色金属

适宜于精冲的有色金属（如铜及铜合金和铝及铝合金）材料的机械性能，列于表 2-17 和表 2-18。另外镍合金、金、银等材料也可用于精冲。

表 2-17 适宜精冲的铜及铜合金材料的机械性能

类别	牌号	屈服强度（N/mm²）	抗拉强度（N/mm²）	延伸率（%）	断面收缩率（%）	硬度 HB
纯铜	T2、T3、T4	50～70/340～350	220～240/370～420	40～50/4～6	65～75/35～45	35～45/110～130
无氧铜	TUP	50～70/340～350	220～240/370～420	40～50/4～6	65～75/35～45	35～45/110～130
黄铜	H62	110/500	330/600	49/3	66/	56/164
	H65		320/700	48/4		
	H68	90/520	320/660	55/3	70/	/150
	H80	120/520	320/640	52/5	70/	53/145
	H90	120/400	260/480	45/4	80/	53/130
	H96	/390	240/450	50/2		
锡黄铜	HSn62-1	150/550	380/700	40/4	52/	85/142
铝黄铜	HA160-1-1		450/760	45/9		80/170
锰黄铜	HMn57-3-1		550/700	25/5		115/178
	HMn58-2		400/700	40/10	53/	90/178
镍黄铜	Hni65-5	200/630	400/700	65/4		/164
锡青铜	QSn4-0.3	/540		52/8		55～70/160～180
	QSn4-3		340/600	40/4		60/160
	QSn4-4-2.5	130/280	350/550	35～45/2～4	34/	60/160～180
	QSn4-4-4	130/280	300～350/550～650	46/2～4	34/	62/160～180
	QSn6.5-0.1	200～250/590～650	300～350/550～650	60～70/8～12		70～90/160～200
	QSn6.5-0.4		350～450/700～800	64/15		75/180
	QSn7-0.2	230/	360/500		52/20	
铝青铜	QAl5	160/540	380/800	65/5	70/	60/200
	QAl7	250/	420/1000	70/3～10	75/40	70/154
	Qal9-2	/300～500	450/600～800	20～40/4～5	35/	80～100/160～180
	Qal9-4	350/150	500～600/800～1000	40/5	30/	110/160～200
铍青铜	Qbe1.7		440/700	50/4		85/220
	Qbe1.9		450/750	40/3		90/240
	Qbe2	250～300/750	450～500/950	40/3		90/250

类别	牌号	屈服强度 （N/mm²）	抗拉强度 （N/mm²）	延伸率 （%）	断面收缩率 （%）	硬度 HB
白铜	B5 B19 B30	600/	270/470 400/800 380/550	35/3 23/3	50/4	38/ 70/128
铝白铜	Bal6-1.5 Bal13-3	80/	360/650～750 380/900～950	28/7 13/5		/210 /260
锰白铜	BMn3-12 BMn40-1.5	200/	400～550/900 400～500/700～850	30/2 30/2～4	71/	120/ 75～90/155
锌白铜	BZn15-20	140/	380～450/800	35～45/2～4		70/160～175

注：1. 表中斜线上方为材料软态的性能，下方为材料硬态的性能。
　　2. 表中数值非冶金部部颁标准指标，仅供参考。

表 2-18　适宜精冲的铝及铝合金材料的机械性能

类别	牌号	状态	屈服强度 （N/mm²）	抗拉强度 （N/mm²）	延伸率 （%）	硬度
工业纯铝	L1、L2、L3 L4、L5、L6	退火 冷作硬化	30 100	80 150	35 6	25 32
防锈铝合金	LF2	退火 冷作硬化	80 210	190 250	23 6	45 60
	LF3	退火 冷作硬化	120 230	230.5 270	22 8	58 75
	LF5	退火	150	300.5	20	65
	LF6	退火 冷作硬化	160 340.5	340 450	20 13	70
	LF12	退火	220	430	25	
	LF21	退火 冷作硬化	50 130	130 170	23 10	30 40
硬铝	LY6	淬火，自然时效 冷作硬化	300 440	440 540	20 10	
	LY11	退火 淬火，人工时效	250	180 410	20 15	115
	LY12	退火 淬火，人工时效	430	180 470	21 6	
	LY16	退火	300	400	10	

续表

类别	牌号	状态	屈服强度（N/mm²）	抗拉强度（N/mm²）	延伸率（%）	硬度
锻铝	LD2	退火 淬火，人工时效	280	120 330	30 16	30 95
超硬铝	LC4	退火 淬火，人工时效	100 550	220 600	15 8	

注：表中数值非冶金部部颁标准指标，仅供参考。

适宜精冲的材料，随材料厚度的增加，精冲效果逐渐恶化。如纯铝 L3 和铝镁合金 LF3 两种材料的精冲，厚度为 0.5~4mm 时，剪切面光洁度较高，模具寿命长；厚度为 4~8mm 时，剪切面光洁度好，模具寿命正常；厚度为 8~10mm 时，剪切面光洁度差，有可能产生撕裂，模具寿命短。

铜及铜合金和铝及铝合金材料，如强度高，精冲困难，可对其进行退火或淬火时效处理，其工艺规范示意图见图 2-57，工艺参数列于表 2-19 和表 2-20。

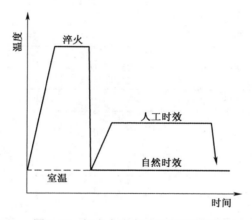

图 2-57　铝合金淬火时效工艺示意图

表 2-19　铜及铜合金材料的退火工艺规范

牌号	退火温度（℃）	牌号	退火温度（℃）	牌号	退火温度（℃）
T2	550~620	Hni65-5	610~660	QAl9-4	650~700
TUP	550~620	QSn4-3	580~630	QBe2	670~720
H62	600~660	QSn4-4-2.5	550~620	B19	700~750
H68	540~600	QSn6.5-0.1	580~620	B30	700~750
H80	580~650	QSn6.5-0.4	580~620	BAl6-1.5	700~730

H90	630～680	QSn7-0.2	600～650	BAl13-3	700～730
H96	540～580	QAl-1	650～720	BMn3-12	680～730
HSn62-1	550～630	QAl-7	650～720	BMn40-1.5	750～800
HMn58-2	580～640	Qal9-2	650～700	BZn15-20	680～730

注：退火时间一般为1～4小时。

表 2-20　铝及铝合金材料的热处理工艺规范

牌号	退火温度（℃）	淬火温度（℃）	时效处理	
			温度（℃）	时间（h）
L1、L2、L3、L4、L5、L6	310～410			
LF2	340～410			
LF3	290～390			
LF5	300～410			
LF6	300～410			
LF12	390～450			
LF21	370～490			
LY6	390～410	505～510	室温	120～140
			125～135	12～14
LY11	390～410	495～510	室温	≥96
LY12	350～370	495～505	室温	≥96
			185～195	6～12
LY16	370～410	530～540	200～220	8～12
LD2	370～410	510～525	室温	240
			150～165	8～15
LC4	390～430	465～475	125～140	12～24

3

精冲模典型结构

从图 3-1 中可以看出，一般精冲模与普通冲模复合模结构相比较，这两种工艺模具结构的主要特点是：

（1）精冲模的压板和推件板在剪切过程中，对金属板料施加较大压力，在剪切区域产生三向压力。而普通冲模只起卸料和推件作用，故精冲模具所承受的载荷要比普通冲模大得多。

（2）精冲模的凸模与凹模之间的剪切间隙很小，约为普通冲模的 5%～10%。

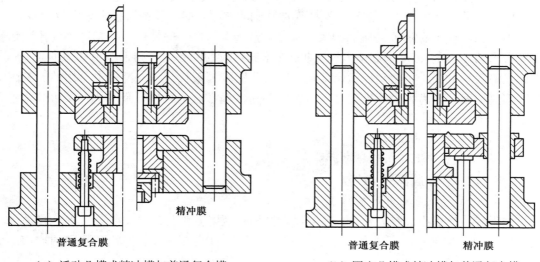

（a）活动凸模式精冲模与普通复合模　　　　（b）固定凸模式精冲模与普通复合模

图 3-1　精冲模与普通复合模的比较

（3）精冲模的压料板上多有凸出齿圈，普通冲模是平的。

（4）精冲模冲内形孔的废料不是通过主凸模孔漏料，而是采用推料杆顶出全部废料。普通冲模大部分是由主凸模孔漏料。

此外，精冲模结构要求精度高、强度大、刚性好和工作平稳可靠等性能。

精冲模具的分类方法如下：

（1）在普通压力机上使用的精冲模具，包括简易精冲模和液压精冲模两种结构。

（2）在专用三动精冲压力机上使用的精冲模具，按精冲模具结构中主凸模的活动性质，可分为活动凸模式精冲模具和固定凸模式精冲模具。

3.1 普通压力机上使用的精冲模

普通曲柄压力机或油压机一般只有一个滑块，不可能满足精冲工艺要求的三种压力。为此必须在模具或机床上采取措施，通常采用简易和液压两种精冲模具结构。

3.1.1 简易精冲模具结构

简易精冲模在剪切过程中，除主压力（即剪切力）直接来源于设备本身外，其他辅助压力（即剪切时的齿圈压板力和推件板的反压力）可在模具上加一组强力弹性原件来得到三重动作所需的压力，使金属板料在剪切区域内处于三向压应力状态，从而达到精冲效果。

生产实践证明，简易精冲方法对 4mm 以下的薄材料、生产批量不大的多品种小型零件尤其实用。当采用其他加工工艺加工这些零件感到非常困难时，其经济技术效果更为显著。

由于精冲模具上的辅助压力很大，根据实践经验，在一般情况下，精冲模的齿圈压板力约为最大剪切力的 40%～60%。普通冲模弹压卸料板的卸料力仅为最大剪切力的 1%～6%。因此在简易精冲模上，常用碟簧、环簧、聚氨酯橡胶等来代替普通冲模上常用的一般耐油橡皮和螺旋压簧，作为强力弹性元件。所以简易精冲模按强力弹性元件分类，又可分为下列三种结构：

（1）碟簧式齿圈压板简易精冲模。

（2）环簧式齿圈压板简易精冲模。

（3）聚氨酯橡胶简易精冲模。

1. 碟簧式齿圈压板精冲模

由于碟簧体积小、弹力较大，在简易精冲模中应用较普遍。

碟簧的结构形状和尺寸如图 3-2 所示。一般坡角 θ 为 2°～6°，外径与孔径的比值 D/d 为 2～3。

碟簧装置形式一般视实际需要分为单片、双片、多片和中间加插片的四种叠合方式，如图 3-3 所示。

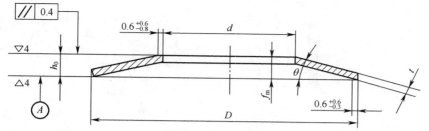

D—外径；d—孔径；t—厚度；θ—坡角；f_m—内锥高；h_0—外锥高

技术条件：①将尖棱作成圆角 $R \approx 0.1\,t$；②上下平面对轴线的跳动小于 0.3

图 3-2　碟簧的形状和尺寸

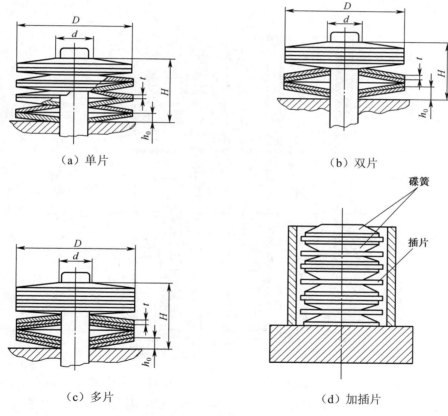

（a）单片

（b）双片

（c）多片

（d）加插片

图 3-3　碟簧装置的叠合形式

碟簧式简易精冲模典型结构的举例如下。

生产如图 3-4 所示的小模数齿轮片的模具结构，如图 3-5 所示。

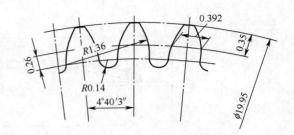

技术要求：
材料：冷轧钢带；厚度：0.8～0.05mm；模数：0.25（mm）；齿数：77齿；压力角：15°；
齿顶圆直径：$\phi 19.95 \pm 0.01$（mm）；月生产量：20万件。

图 3-4　小模数齿轮片

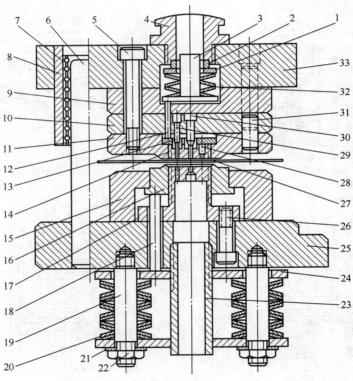

1—垫圈；2—调整垫；3—芯轴；4—冲头把；5—螺钉；6—导柱；7—衬套；8—导柱；9—垫板；
10—冲孔凸模固定板；11—凹模；12—顶杆；13—垫板；14—推件板；15—模座；16—齿圈压板；
17—凸凹模；18—顶杆；19—螺杆；20—碟簧；21—支承板；22—螺母；23—空心杆；24—垫板；
25—底座；26—螺钉；27—推料杆；28—压簧；29冲孔

图 3-5　生产齿轮片用简易精冲模

2. 环簧式齿圈压板简易精冲模

环簧又称钢圈弹簧，它的结构和形状尺寸如图 3-6 所示。环簧组由外圈 1、内圈 2 和支承半圈 3 所组成，用圆锥面相互配合。簧圈用弹簧钢制造，并经热处理，淬硬 48～52HRC。

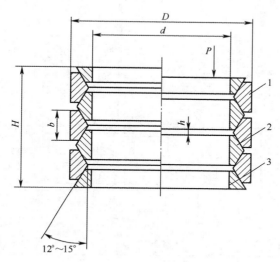

图 3-6　环簧组

环簧在承受轴向压力时，在圆锥面上产生很大的径向分力，迫使外圈受涨、内圈受压，形成各圈彼此推进。此时，尺寸 h 和总高度 H 减小，产生轴向压缩量，保证精冲工作行程的要求。

环簧在简易精冲模中，主要是给齿圈压板提供压齿力，它的弹力比碟簧弹力大得多。为降低成本、方便环簧的使用，在生产实际中都将环簧组做成几种通用压力缸装置，并视压力大小，设计成多种型号的简易精冲模用通用压力缸。如图 3-7 所示的环簧通用压力缸就是其中一种。

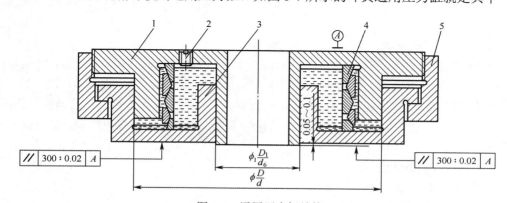

图 3-7　通用压力缸结构

1—底圈；2—注油螺塞；3—动圈；4—环簧组；5—调节环

典型环簧式简易精冲模的结构，如图 3-8 所示。

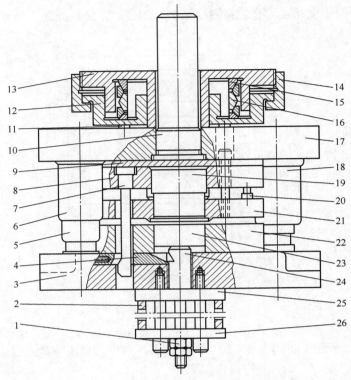

1—螺母；2—方簧；3—底座；4—锁舌；5—导柱；6—导套；7—侧拐；8—凸模固定板；9—垫板；10—冲头把；
11—顶杆；12—动圈；13—底圈；14—调节环；15—支承半圈；16—环鳌；17—上托；18—导套；19—凸模；
20—小导往；21—齿圈压板；22—凹模；23—推件板；24—螺杆；25—上垫圈；26—下垫圈

图 3-8 环簧式简易精冲模

3. 聚氨酯橡胶简易精冲模

聚氨酯橡胶是一种介于橡胶和塑料之间的人工合成弹性材料。它有比较大的硬度范围，良好的耐磨、耐油、耐老化、耐辐射、强度高、弹压力大等特性，并能适应车、铣、磨、钳等加工。所以又有"流体钢"的别称。在模具制造工业中可用来取代钢材，制造凸模或凸凹模，冲压 0.25mm 以下薄材料无毛刺零件。在简易精冲模上，也用它代替强力弹簧，做齿圈压板和推件板的弹性元件。

用聚氨酯橡胶制造弹性元件，应满足下列要求：

（1）肖氏硬度，HS>85；

（2）抗拉强度，2500～3500（N/cm²）；

（3）永久变形，8%～20%；

（4）耐曲挠，10万次以上无裂纹。

如图3-9所示是用肖氏硬度85～90A的浇注型聚氨酯橡胶制造弹性元件的简易精冲模典型结构。

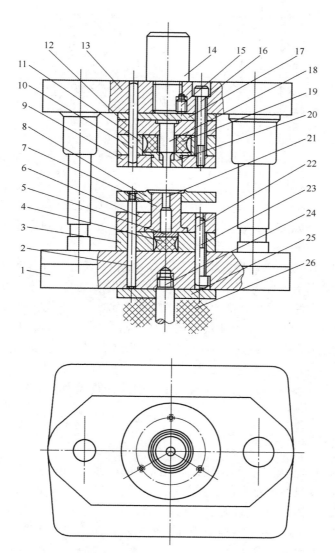

1—底座；2—顶杆；3—垫板；4—聚氨酯橡胶；5—垫板；6—凸凹模固定板；7—凸凹模；8—齿圈压板；9—凹模；10—销钉；11—垫板；12—冲孔凸模固定板；13—上托；14—冲头把；15—螺丝；16—螺钉；17—垫板；18—冲孔凸模；19—聚氨酯橡胶；20—推件板；21—顶杆；22—销钉；23—螺钉；24—螺杆；25—垫圈；26—聚氨酯弹顶装置

图3-9　聚氨酯简易精冲模

聚氨酯橡胶块放在模具内部的形状，一般不宜做成圆柱形，最好做成细腰形，以免受压后胀裂模具，如图 3-10 所示。

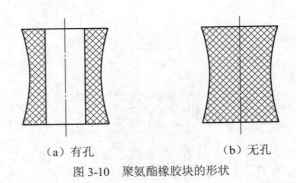

（a）有孔　　　　　　（b）无孔

图 3-10　聚氨酯橡胶块的形状

4. 弹簧式简易精冲模的优缺点

优点：结构简单、制造方便，采用通用压力装置，可以简化模具设计和制造工作量，成本较低，对冲压设备无特殊要求，特别适合于生产批量不大、一般料厚小于 4mm 的小型精冲零件。

缺点：普通模架的强度和刚性较差不能承受大的载荷，不适用于生产大型非对称性零件。因为剪切过程中的偏心载荷会引起模具变形，使凸模与凹模之间的间隙发生变化，甚至会产生啃口现象。此外，弹性元件的压力伴随着压缩量的增加而增大，不能按实际需要迅速调节，也不能在模具工作过程中保持恒定压力。精冲工艺要求齿圈压板在凸模切入材料前有较强的压力，在剪切阶段要尽量保持恒压或适当减压。而弹性元件的作用恰好相反，越接近剪切完毕，压齿力越大，这样就迫使废料紧紧抱住凸模，产生强烈摩擦，发热量大。同时，凹模也要承受过大的压力，机械式滞后装置的噪音大、磨损快。因此弹簧式简易精冲模的寿命比液压精冲模低。

3.1.2　液压精冲模具结构

液压精冲模工作时，主压力由机床滑块供给，辅助压力（即齿圈压板的压齿力和推件板的反压力）靠模架内或模架外的液压缸活塞产生。液压精冲模能克服弹簧式简易精冲模的缺点，具有压力稳定、可调范围大、通用性强等优点。

液压精冲模可分为液压缸安置在模架内和液压缸附装在机床上两类。

1. 液压缸安置在模架内的精冲模

此类精冲模又分专用模架和通用模架两种结构类型。

（1）专用模架液压精冲模　生产批量大或者零件尺寸和厚度比较大时，采用专用模架液压精冲模，能较好发挥精冲工艺的经济技术效果。

图 3-11 是大批生产钟表零件的专用液压精冲模结构，适用于 40kN 双柱底传动精密冲

床。模架内的液压油由模外辅助液压系统装置供给。

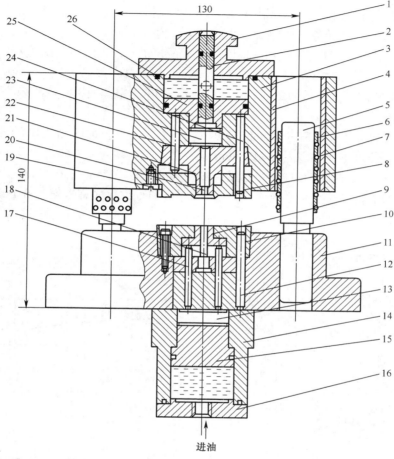

1—浮动冲头把；2—顶杆；3—上托；4—导套；5—导柱；6—衬套；7—滚珠；8—齿圈压板；
9—推件板；10—凹模；11—底座；12—定位销；13—承力块；14—下油缸；15—下活塞；
16—盖；17—顶杆；18—冲孔凸模；19—螺钉；20—推料杆；21—凸凹模；22—顶杆；
23—垫块；24—定位销；25—上活塞；26—密封圈

图 3-11　专用液压精冲模具

（2）通用模架液压精冲模　对生产批量不大、多品种、中小型精冲零件，采用通用模架液压精冲模，具有简化模具设计、有利于标准化和系列化、缩短模具制造周期、节约钢材、降低成本等优点。

此类模具结构一般都在大模架内套装小模架，即液压外模架与通用内模架配套使用。上、下压力缸装在外模架内。

2. 液压缸附装在机床上的精冲模

为了减小模具结构尺寸，快速更换模芯，方便专业化生产，充分利用机床的能力，可以将普通压力机进行适当改装，把齿圈压板用的大油缸附装于机床上，与液压通用模架相配套，实现三重动作，代替昂贵的专用精冲压力机进行精冲生产。

下面重点介绍在 JB 21-1000kN 冲床上，实现精冲的方法和模具结构，以及在其他压力机上进行精冲生产的模具典型结构。

JB 21-1000kN 冲床的特征如图 3-12 所示。该冲床作为精冲使用时，冲床改装及附加装置的主要精度要求如下：

（1）工作台面平面度，在 1000mm 长度上，左右和前后方向的允差 <0.04mm；

（2）滑块下平面的平面度，在 1000mm 长度上，左右和前后方向的允差 <0.03mm；

（3）滑块下平面对工作台面的平行度，左右和前后方向的允差 <0.05mm；

（4）滑块行程对工作台面的垂直度，在 150mm 的行程上允许偏差 <0.03mm。

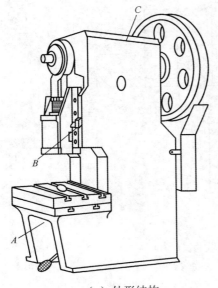

（a）外形结构

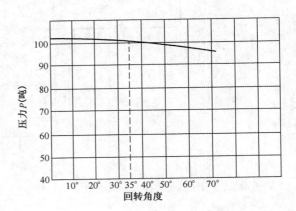

（b）滑块允许压力曲线

图 3-12　JB 21-1000kN 冲床

根据一般专用精冲设备三重动作所需压力的分配比例，主压力（剪切力）约占 60%，辅助压力（压齿力和反压力）约占 40%。故 1000kN 冲床改成精冲设备后，实际剪切力要小于 600kN。

根据冲床闭合高度低、滑块面积小的特点，采用倒装式结构的精冲模具比较合理。也就是将压齿力所需的大油缸，安装在冲床台面的下部，如图 3-12（a）所示的位置。推件板反压力用的小油缸，由于冲床位置所限，将它安装在与冲床相配套的通用模架上托内。因此，冲床改装与模架结构设计是一个整体。

大油缸和活塞的结构与尺寸如图 3-13 和图 3-14 所示。

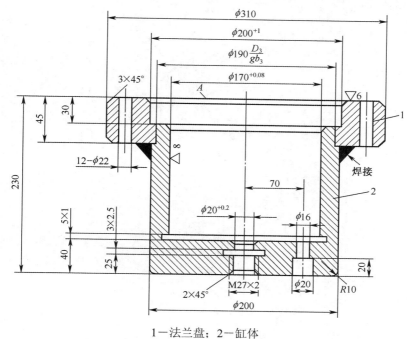

1—法兰盘；2—缸体

图 3-13　大油缸结构及尺寸

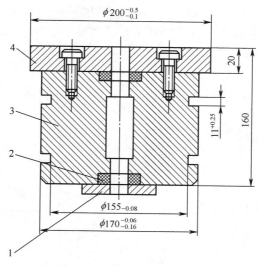

1—盖板；2—密封圈；3—活塞；4—垫板

图 3-14　大活塞的结构及尺寸

　　大油缸是用 12 根 M20mm 的螺栓，直接联结于冲床活动台面的下部，如图 3-15 所示。小油缸和活塞的结构及尺寸，如图 3-16 和图 3-17 所示。

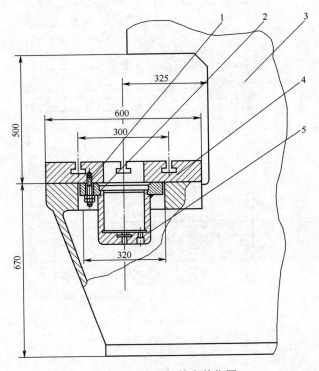

图 3-15　大油缸的安装位置

1—螺栓；2—螺母；3—床身；4—冲床活动台面；5—大油缸

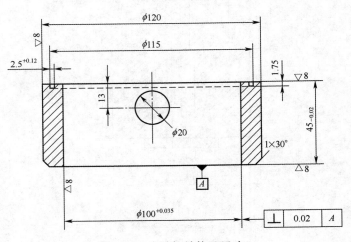

图 3-16　小油缸结构及尺寸

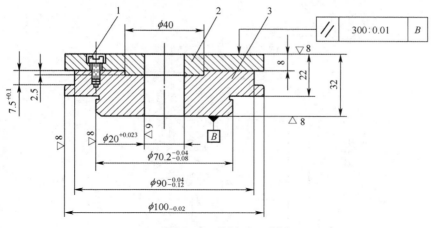

1—螺钉；2—盖板；3—活塞

图 3-17　小活塞结构及尺寸

冲床经机械改装后，还需附加相应的电路和油路系统。

3.2　三动压力机上使用的精冲模

三动精冲压力机使用的模具，按模具结构特点可分为活动凸模式和固定凸模式两种。

1. 活动凸模式精冲模

（1）特点和应用范围　活动凸模式精冲模的凹模和齿圈压板，分别固定于模架的上托和底座内。而凸模靠模架底座上的内孔及齿圈压板上的形孔导向运动。凸模的导向部分较长，活动距离稍大于料厚。如果主凸模轮廓的最大尺寸超过凸模高度，准确对中心就有困难。因此活动凸模式模具比较适用于生产中、小型精冲零件。

在活动凸模式模具中，剪切力和辅助压力由机床滑块和液压柱塞供给，故模架承力面积大，不易变形。

（2）典型结构　用于 GKP-F25/40～GKP-F125/200 型专用压力机的活动凸模式模具典型结构，如图 3-18（a）、（b）所示。图中（a）为不用固定板结构，（b）为用固定板结构。

如图 3-19 所示是 GKP-F100/160（由瑞士 Feintool 公司生产的精冲机型号）专用压力机用的活动凸模式精冲模结构。

HFP-100（由瑞士 Hydrel 和 Feintool 公司生产的精冲机型号）型全液压式上传动压力机用的活动凸模式模具结构，如图 3-20 所示。

2. 固定凸模式精冲模

（1）特点和应用范围　固定凸模式精冲模的主凸模固定在模架的上托或底座上，齿圈压板相对于主凸模运动。模具结构刚性好，且因模具装在机床上，上托和底座均受承力环支撑，通过顶杆传递辅助压力，故受力平稳。

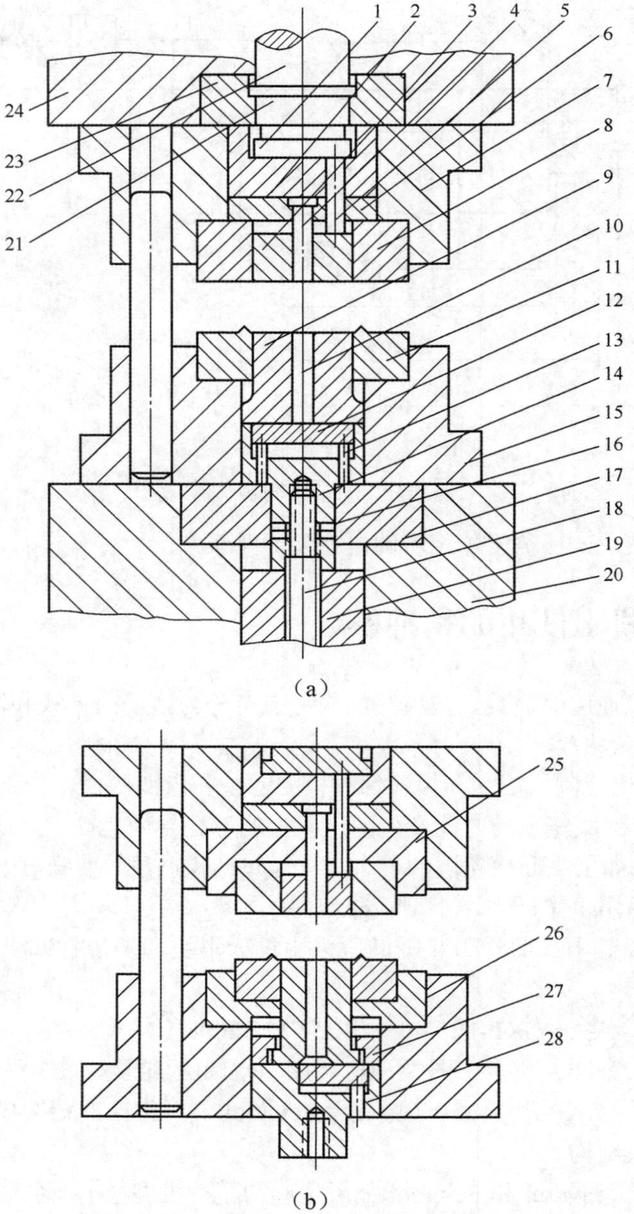

（a）

（b）

1—压力垫；2—上垫圈；3—推件板；4—冲孔凸模；5—顶杆；6—冲孔凸模固定板；7—上托；8—凹模；
9—凸凹模；10—推料杆；11—齿圈压板；12—桥板；13—顶杆；14—凸模座；15—底座；16—垫圈；
17—承力圈；18—拉杆；19—滑块；20—液压活动工作台；21—压力垫；22—液压柱塞；23—承力圈；
24—上工作台面；25—凹模固定板；26—齿圈压板固定板；27—凸凹模固定板；8—凸模座

图 3-18　活动凸模式模具结构

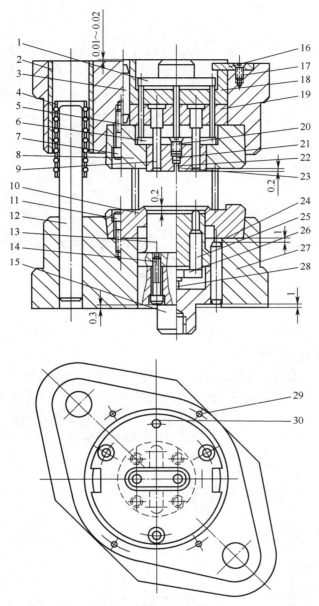

1—压力垫；2—导套；3—防转销；4—衬套；5—顶杆；6—连接板；7—螺订；8—凹模；9—冲孔凸模；
10—齿圈压板；11—螺钉；12—导柱；13—凸凹模；14—螺钉；15—凸模座；16—限位块；17—埋头螺丝；
18—上垫圈；19—冲孔凸模固定板；20—螺钉；21—压簧；22—弹顶杆；23—推件板；24—防转销；
25—顶杆；26—桥板；27—底座；28—顶杆；29—导料杆；30—销钉

图 3-19 GKP-F100/160 用精冲模

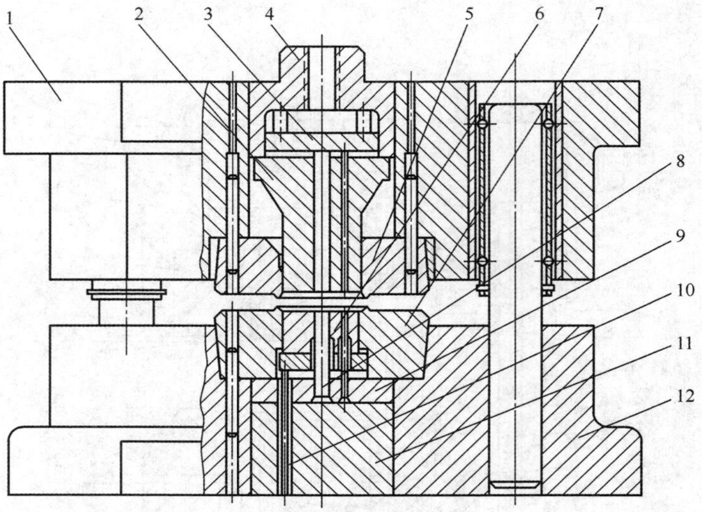

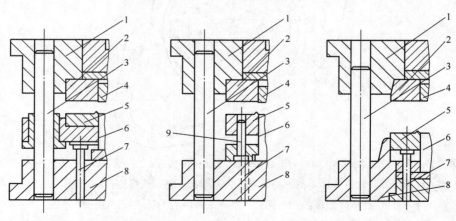

1—上托；2—凸凹模；3—桥板；4—凸模座；5—齿圈压板；6—推件板；7—凹模；8—冲孔凸模；
9—冲孔凸模固定板；10—顶杆；11—垫圈；12—底座

图 3-20　HFP-100 型用精冲模

　　固定凸模式精冲模适用于生产大型的、窄长的、料厚的、外形复杂不对称的、内孔较多的精冲零件，或者需跳步精冲的零件。

　　固定凸模式精冲模制造和维修工时较大，成本一般要比活动凸模式高。

　　当主凸模通过齿圈压板导向时，齿圈压板在模具中必须保持精确位置，以免受力产生位移而影响凸模正常工作，为此齿圈压板也应导向。其方法有三种，如图 3-21 所示。图中（a）为联合导向，（b）为小导柱导向，（c）为利用模架底座导向。

1—上托；2—凹模；3—导柱；4—推件板；5—齿圈压板；6—主凸模；7—顶杆；8—底座；9—小导柱

图 3-21　齿圈压板导向方法

固定凸模式精冲模可以倒装或顺装。如图 3-22 所示为倒装式结构，图中（a）为无承力垫结构，（b）为有专用承力垫结构。

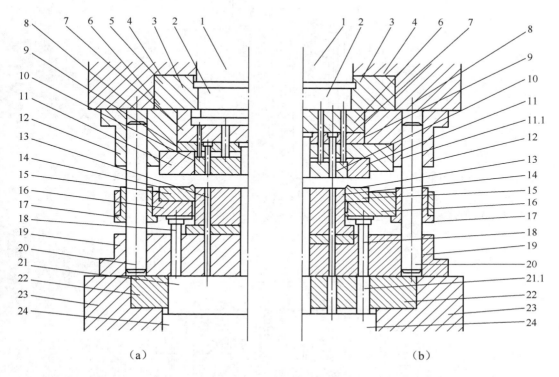

（a）   （b）

1—反压力柱；2—压力垫；3—承力环；4—上工作台面；5—垫块；6—上垫板；7—顶杆；
8—冲孔凸模；9—冲孔凸模固定板；10—推件板；11—凹模；11.1—凹模固定板；12—上托；
13—顶杆；14—凸凹模；15—齿圈压板；16—活动模板；17—导套；18—顶杆；19—底座；
20—导柱；21—压力垫；21.1—大顶杆；22—专用承力垫；23—下工作台面；24—下压力柱

图 3-22　固定凸模式倒装精冲模结构

对于大的、重的精冲零件或多凸模的模具，应设计成顺装结构，有利于用机械手（推件臂）取件和排除冲孔废屑。

当凸凹模（主凸模）承力面很大，装在模具内很稳固时，齿圈压板的外形和型孔可以不用导向，以方便模具制造，如图 3-23 所示。

（2）典型结构　GKP-F 专用精冲压力机固定凸模式复合精冲模，如图 3-24 所示。跳步精冲模如图 3-25 所示。

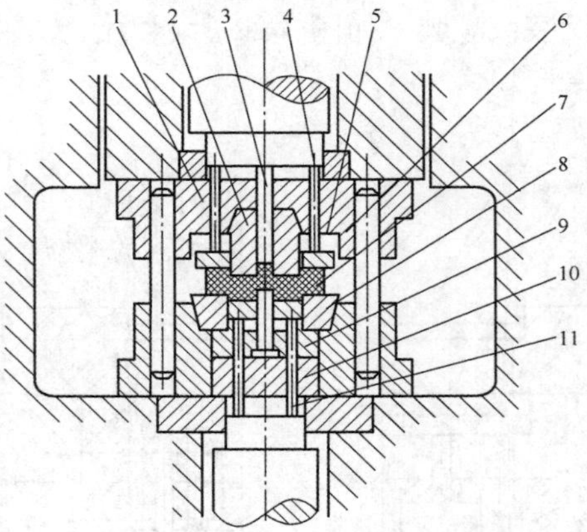

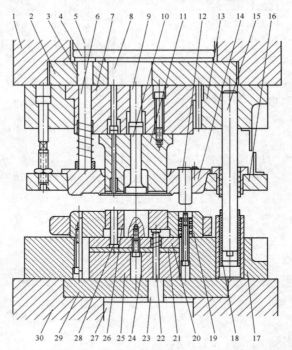

1—上托；2—凸凹模；3、4—顶杆；5—齿圈压板；6—冲孔凸模；7—推件板；8—凹模；

9—冲孔凸模固定板；10—垫板；11—顶杆

图 3-23 齿圈压板不导向的固定凸模式顺装结构

1—上工作台面；2—承力垫；3—大顶杆；4—压力垫；5—压力柱；6—顶杆；7—凸凹模固定板；8—压力柱；

9—顶杆；10—推料杆；11—凸凹模；12—导销；13—上托；14—齿圈压板；15—导柱；16—活动模板；

17—底座；18—衬套；19—凹模；20—冲孔凸模固定板；21—垫板；22—顶杆；23—大顶杆；

24—冲内形凸模；25—垫块；26—推件板；27—压力柱；28—冲孔凸模；29—承力垫；30—下工作台面

图 3-24 GKP 精冲压力机用固定凸模式复合冲模

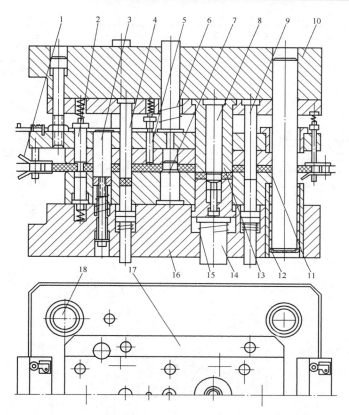

1—导料装置；2—导向销；3—定位杆；4—冲孔凸模；5—挡料销；6—顶杆；7—压倒角凸模；
8—压毛刺面倒角凸模；9—平衡压力杆；10—上托；11—齿圈压板；12—衬套；13—落料凸模；
14—顶杆；15—推件板；16—底座；17—限位侧板；18 导柱

图 3-25　GKP 精冲压力机用固定凸模式跳步精冲模

图 3-26 是采用图 3-25 所示的跳步模生产的精冲零件及工艺排样。

采用跳步精冲模应注意首次的挡料销位置，以免首次冲半个零件，限位侧板高度稍低于料厚，以便压牢条料和保护齿圈。要考虑安装平衡压力杆，防止刚开始冲压时模具受偏心载荷影响，破坏模具精度。

采用跳步精冲模生产效率高，适用于冲压内、外形之间横截面过小，无法复合精冲和需要弯曲、压印、沉孔、立体成形以及内、外形平面上要求变换毛刺方向的零件。

跳步精冲模制造复杂，维修困难，并要制造专用压力垫。

HSR90t～HSR400t（为瑞士斯密特 Schmid 公司生产的精冲机型号）系列专用三动全液压式精冲压力机使用的固定凸模式精冲模结构，如图 3-27 所示。为提高导向件刚性，常采用四根导柱滑动导向的模架，把凹模和齿圈压板分别埋装于上托和底座内，故强度高、刚性好、导向可靠，适用于精冲厚料。为方便制造，凸模常采用粘接方法固定。

3
Chapter

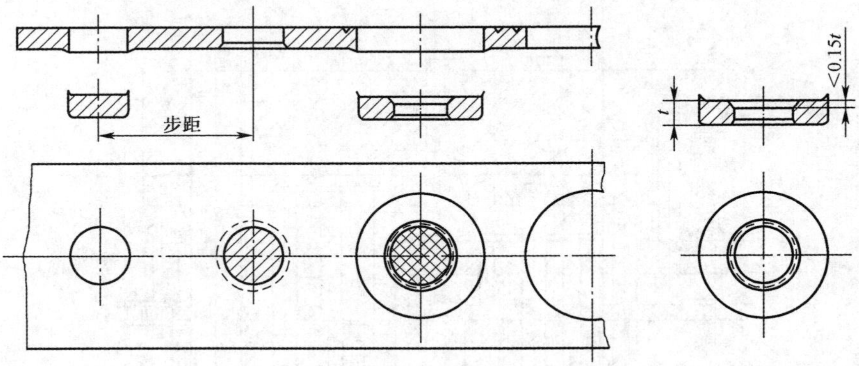

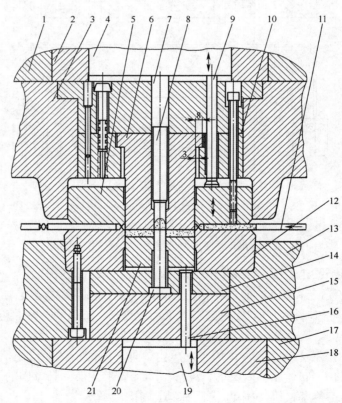

（a）排样图 （b）精冲零件

图 3-26 跳步精冲工艺图

1—上工作台面；2—承力垫；3—上托；4—压力柱；5—齿圈压板；6—凸凹模；7—大顶杆；8、9—顶杆；
10—凸凹模固定板；11—条料；12—凹模；13—底座；14—冲孔凸模固定板；15—垫块；16—顶杆；
17—下工作台面；18—下承力垫；19—下压力柱；20—冲孔凸模；21—推件板

图 3-27 HSR 系列用固定凸模式复合精冲模结构

用 HSR250t 精冲压力机生产 300mm 以上的窄长零件，复合模结构如图 3-28 所示。

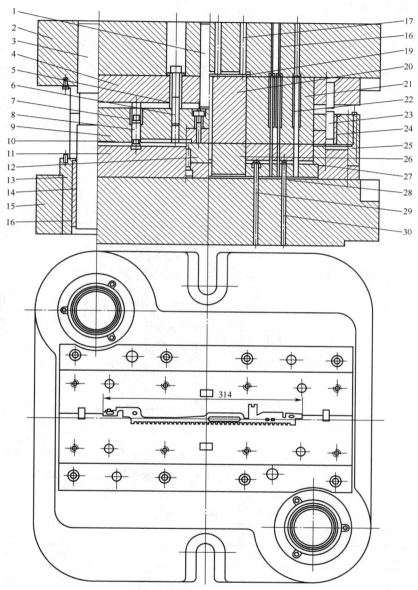

1—大顶杆；2—上托；3—导柱；4—凸凹模固定板；5—限位套管；6—螺钉；7—弹簧；8—导料杆；
9—齿圈压板固定板；10—齿圈压板；11—凹模固定板；12—镶拼凹模；13—导柱；14—衬套；15—底座；
16—滚珠；17、18、22、29、30—顶杆；19—桥板；20—成形顶杆；21—凸凹模；23—小导柱；
24—小导套；25—挡料钉；26—冲内形凸模；27—推件板；28—垫板

图 3-28　生产窄长零件的复合精冲模

3.3　标准化精冲模架

　　模架标准化可减少繁重的设计工作，避免设计差错。模具标准件可预先成批生产，缩短精冲模制造周期。据有关资料统计，合理的标准模架系列可以降低模具成本约 20%。

　　1.　活动凸模式精冲模架

　　常用的活动凸模式标准模架结构有Ⅰ、Ⅱ两种类型。

　　Ⅰ型标准模架结构如图 3-29 所示。其主要尺寸和使用范围，分别列于表 3-1 和表 3-2。

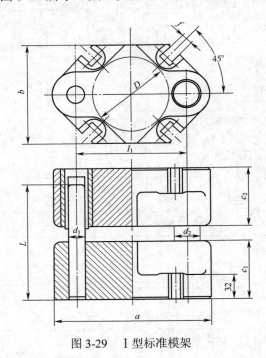

图 3-29　Ⅰ型标准模架

表 3-1　Ⅰ型模架的主要尺寸

单位：mm

序号	D	a	b	C1	C2	d1	d2	i1	f	L
1	100	201	130	75	75	24	25	140	14	150
2	125	233	155	75	75	24	25	165	14	150
3	160	286	200	75	75	30	32	200	18	150
4	200	341	230	80	75	38	40	250	18	155
5	250	406	270	85	80	38	40	300	18	170
6	300	472	320	90	85	38	40	355	18	180

表 3-2 Ⅰ型模架使用范围

单位：mm

模架尺寸	精冲零件外形的最大尺寸	
D	整体凹模	加箍套的凹模（镶拼结构）
$\phi 100$	$\phi 30$	$\phi 15$
$\phi 125$	$\phi 40$	$\phi 25$
$\phi 160$	$\phi 55$	$\phi 40$
$\phi 200$	$\phi 75$	$\phi 55$
$\phi 250$	$\phi 95$	$\phi 75$

Ⅱ型标准模架结构如图 3-30 所示，主要尺寸和使用范围列于表 3-3。

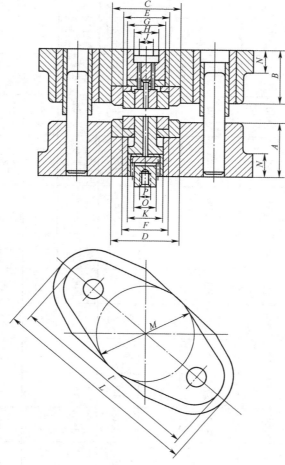

图 3-30 Ⅱ型标准模架

表 3-3　II 型模架的使用范围

(mm)

序号	L	I	A	B	M	N	C	D	E	F	G	H	I	K	O	P	重量(公斤)
1	230	190	75	75	100	30	ϕ70	ϕ70	ϕ40	ϕ40	ϕ40	ϕ23	ϕ15	ϕ36	ϕ28	M14	18
2	255	215	75	75	125	30	ϕ90	ϕ90	ϕ60	ϕ60	ϕ40 ϕ50 ϕ60	ϕ28 ϕ26 ϕ40	ϕ15 ϕ10 ϕ30	ϕ40 ϕ45	ϕ28	M14	23
3	310	270	75	75	160	30	ϕ120	ϕ120	ϕ80	ϕ80	ϕ63 ϕ70	ϕ45 ϕ50	ϕ30 ϕ40	ϕ50 ϕ55 ϕ63	ϕ28 ϕ40	M14	40
4	310	270	75	75	160	30	ϕ120	ϕ120	ϕ90	ϕ90	ϕ80 ϕ90	ϕ63 ϕ70	ϕ40 ϕ60	ϕ63 ϕ70	ϕ40	M14	40
5	356	340	80	75	260	30	ϕ160	ϕ160	ϕ110	ϕ110	ϕ90 ϕ100	ϕ70 ϕ80	ϕ60	ϕ80 ϕ90	ϕ60	M14	56
6	356	340	80	75	200	30	ϕ170	ϕ170	ϕ125	ϕ125	ϕ112 ϕ125	ϕ90 ϕ100	ϕ80	ϕ100 ϕ112	ϕ80	M_{18}^{14}	56
7	450	400	85	80	250	30	ϕ200	ϕ200	ϕ150	ϕ150	ϕ125	ϕ100	ϕ80	ϕ125	ϕ80	M_{18}^{14}	90
8	450	400	85	80	250	30	ϕ200 (224)	ϕ200 (224)	ϕ175 (180)	ϕ175 (180)	无压力垫	可设计或矩形	ϕ100	可设计或矩形	ϕ100	M14	90
9	500	444	90	85	300	30	ϕ250	ϕ250	ϕ200	ϕ200			ϕ100		ϕ140	M18	130
10	500	444	90	85	300	30	ϕ255	ϕ265	ϕ220	ϕ220			ϕ100		ϕ160	M18	130

3 Chapter

2. 固定凸模式精冲模架

固定凸模式标准模架和模架标准件如图 3-31 所示。

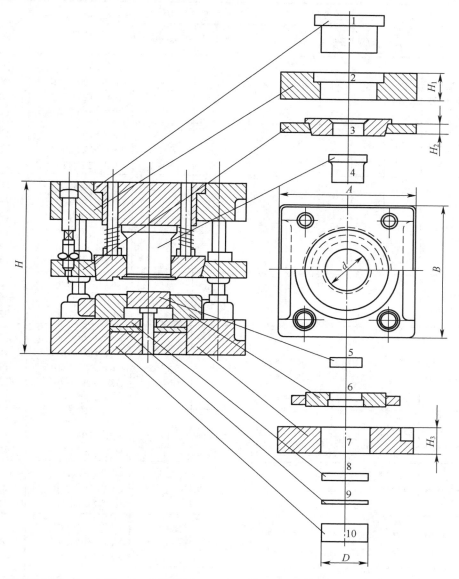

1—凸模固定板；2—上托；3—齿圈压板；4—凸凹模；5—推件板；6—凹模组件；7—底座；

8—冲孔凸模固定板；9—垫板；10—垫块

图 3-31　GKP-F 和 HFP 系列用固定凸模式模架标准件

模架标准件的主要尺寸及应用范围见表 3-4。

表 3-4　模架标准件的主要尺寸及应用范围

单位：mm

模架代号	外形尺寸 A×B	闭合高度 H	主要尺寸				精冲件外形最大尺寸		适用于精冲压机型号	允许装模具的高度
			H_1	H_2	H_3	D	无循环	有循环		
360H 360HS	360×360 360×360	276 276	80 80	30 30	80 80	$\phi140$ $\phi100$	$\phi120$	$\phi80$	GKP-F100/160 GKP-F100/160K GKP-F125/200 GKP-F200/320	234～314 197～277 175～320 225～355
400H 400HS	400×400 400×400	314 314	80 80	30 30	80 80	$\phi175$ $\phi140$	$\phi155$	$\phi120$	GKP-F100/160 GKP-F125/200 GKP-F200/320	234～314 175～320 225～355
400N	400×400	255	55	30	55	$\phi175$	$\phi155$		GKP-F50/80 GKP-F100/160 GKP-F100/160K GKP-F125/200 GKP-F200/320 LH❶-180	175～255 234～314 197～277 175～320 225～355 175～285
440H 440HS	440×440 440×440	350 350	100 100	30 30	100 100	$\phi210$ $\phi175$	$\phi190$	$\phi155$	GKP-F200/320 HFP-240/400 HP-380/630	225～355 300～380 320～400
440N 440NS	440×440 440×440	265 265	65 65	30 30	65 65	$\phi210$ $\phi175$	$\phi190$	$\phi155$	GKP-F100/160 GKP-F100/160K GKP-F125/200 GKP-F200/320 LH❶-180	234～314 197～277 175～320 225～355 175～285
480H 480HS	480×480 480×480	370 370	100 100	35 35	100 100	$\phi250$ $\phi210$	$\phi230$	$\phi190$	HFP-240/400 HFP-380/630 HFP-500/800	300～380 320～400 320～400
480N	480×480	320	80	35	80	$\phi250$	$\phi230$		GKP-F125/200 GKP-F200/320 HFP-240/400	175～320 225～355 300～380
540N 540NS	540×540 540×540	375 375	100 100	35 35	100 100	$\phi300$ $\phi250$	$\phi280$	$\phi230$	HFP-240/400 HFP-380/630 HFP-500/800	300～380 320～400 320～400
540N 540NS	540×540 540×540	320 320	80 80	35 35	80 80	$\phi300$ $\phi250$	$\phi280$	$\phi230$	GKP-F125/200 GKP-F200/320 HFP-240/400	175～320 225～355 300～380

专用三重动作精冲压力机 HSR 系列用标准模架，如图 3-32 所示。其主要尺寸及应用范围见表 3-5。

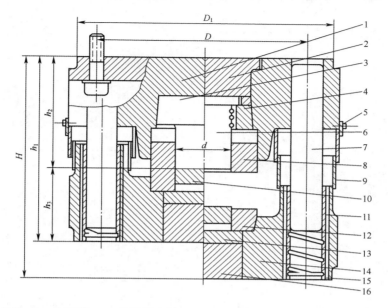

1—上托；2—压力垫；3—凸凹模；4—凸模固定板；5—防护套；6—无台凸模；7—导柱；8—齿圈压板；
9—防护套；10—推件板；11—导套；12—凹模；13—冲孔凸模固定板；14—底座；15—粘接剂；16—下压力垫

图 3-32　HSR 系列用标准模架

表 3-5　模架主要尺寸及应用范围（mm）

单位：mm

压力机型号	d●	D	D_1	H	h_1	h_2	h_3
HSR90 t	$\phi 28$ $\phi 40$ $\phi 63$ $\phi 90$	$\phi 300$	$\phi 240$ 4×M16	263	223	130	93
HSR160 t	$\phi 63$ $\phi 90$ $\phi 125$ $\phi 165$	$\phi 365$	$\phi 316$ 4×M20	320	280	165	115
HSR250 t	$\phi 90$ $\phi 125$ $\phi 165$ $\phi 210$	$\phi 450$	$\phi 400$ 4×M20	350	300	175	125
HSR400 t	$\phi 125$ $\phi 165$ $\phi 210$ $\phi 250$	$\phi 550$	$\phi 400$ 4×M24	425	365	220	145

●本栏的尺寸，表示应用范围。

4

精冲模设计

4.1 概述

精冲零件的好坏与精冲模具的质量有直接的关系，合理的模具结构是制造合格精冲零件的关键，因此必须正确设计模具的结构。

在设计精冲模具结构之前，应充分分析精冲零件的工艺性及材料性能，并以此为根据对排样、条料宽度、剪切力、齿圈压力、推件板反压力等基本数据进行计算，以便依据这些基本数据设计精冲模具的结构、零件、强度、精度、送料方向及精冲机床的选择等。正确地比较和选择有关数据，既能提高精冲零件的质量，扩大精冲材料的适应范围，发展精冲工艺的适应性，又能延长精冲模具的寿命。

必须熟悉所用精冲机床的原理、结构、精度、动作顺序等，使精冲模具结构完全符合精冲机床的使用要求，尽最大可能发挥机床的作用，使精冲模具的结构能与精冲机床相配合，生产出形状更复杂、精度更高的精冲零件。

精冲模具设计的基本数据是互相关联、互相影响的，设计人员必须了解这些数据的相互关系，在实际中灵活掌握应用。

例如齿圈压力和材料的搭边、沿边大小对精冲零件的质量都有影响。齿圈压力增大，可适当减小材料的搭边、沿边数值。搭边、沿边数值的增大，可适当减小齿圈压力。若齿圈压力过大，则增加了模具零件的载荷，使模具使用寿命缩短。而搭边、沿边值的增大，又增加了材料的消耗。

凸模与凹模的刃口间隙及凹模、冲孔凸模刃口的圆角值，都直接影响精冲零件剪切面的质量。适当的间隙及刃口圆角，能冲制剪切面质量好的精冲零件，间隙略大精冲零件的剪切面光洁度也略差。若增大刃口圆角数值，可以提高剪切面的光洁度。凹模刃口圆角过大，会增大剪切面的锥度，并使零件塌角增大。冲孔凸模刃口圆角过大，会影响精冲零件孔径的收缩，使精冲零件的精度降低。

齿圈压力及反压力增大，可以在刃口间隙值略大时，提高精冲零件剪切面的光洁度，但增加了模具零件的载荷，影响了模具的使用寿命。

压力中心可以通过解析法和图解法算出，但在实际中有时很难达到与精冲模具中心的重合，遇到这种情况，必须在模具结构的稳定性上采取有效措施。

本章所列数值，为综合考虑各方面因素，在正常情况下经实践证明是可行的。但在某些特殊情况下，根据实际需要适当改变某些数值，也可以达到设计要求。

4.2　排样与搭边

4.2.1　排样方法及计算

冲压技术的特点是生产效率高、适于大批量生产，因此在排样中尽量减少废料及充分利用原材料，就具有很大的经济意义。在设计模具结构之前必须进行排样计算，即在模具允许的宽度及原材料的长度范围内，将精冲零件有规律地排列出最合理的位置，以达到最大限度地使用材料面积，以提高原材料的利用率。

精冲零件在排样时，应注意以下几点：

（1）精冲零件的剪切面，局部有粗糙度较高要求时，应将此部分排在材料送进的一边。其原因在于，冲裁过程中材料在整料部分抗材料流动的阻力大于搭边部分抗材料流动的阻力，容易使精冲零件形成光洁的剪切面。

（2）精冲零件整个剪切面都要求光洁时，应将有齿形或较复杂的部位，排在材料送进的一边，见图 4-1。

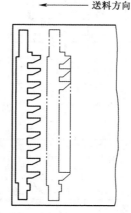

图 4-1　精冲零件在材料上的排列

（3）精冲零件有折弯部分时，排样中材料的压延方向应符合折弯要求，即弯曲线应与材料轧制方向（即纹向）垂直或成一定的角度，以保证弯曲角不产生裂纹。

排样时应根据精冲零件的不同形状，采用不同的排列方法。下面根据一般常见的形状，排列出几种示例。

（1）单行排列，见图 4-2。

料宽 $\quad B = A + 2a$

步距 $\quad S = D + b$

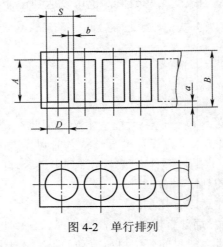

图 4-2　单行排列

（2）单行交叉排列，见图 4-3。

料宽 $\quad B = A + 2a$

步距 $\quad S = D + d + 2b$（两件）

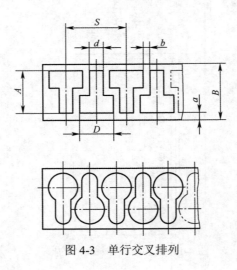

图 4-3　单行交叉排列

（3）单行斜排列，见图 4-4。

料宽　　$B = 2R + 2a$

步距　　$S = 2 \times \dfrac{R}{\cos(90 - 2\alpha)} + b$ 　（ $\alpha = 90° - \cos\dfrac{R - r}{0.5L}$ ）

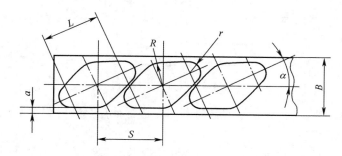

图 4-4　单行斜排列

（4）双行排列，见图 4-5。当零件尺寸较小时，为了解决剪裁狭长带料的困难，可采用这种排列方法。在模具允许的料宽范围内，还可以排成多行。

料宽　　$B = 0.866 \times (D + b) + D + 2a$ 　（图 a 排列方式）

　　　　$B = 2A + 2a + b$ 　（图 b 排列方式）

步距　　$S = D + b$

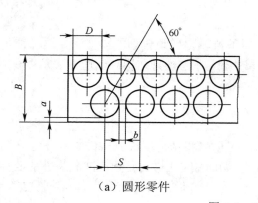

（a）圆形零件

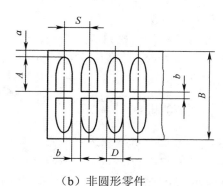

（b）非圆形零件

图 4-5　双行排列

（5）双行交叉排列，见图 4-6。

料宽　　$B = A + c + b + 2a$

步距　　当 $D \leqslant 2d$ 时，$s = 2d + 2b$

　　　　当 $D > 2d$ 时，$S = D + b$

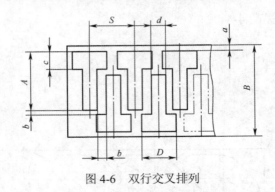

图 4-6 双行交叉排列

排样的正确与否，应以剪成条料的材料利用率进行计算，条料利用率 η 的数值愈大，证明利用率愈高。

$$\eta = \frac{F \times n}{B \times L} \times 100\%$$

式中　F——冲件面积（mm^2）；

　　　n——条料上所排列的冲件个数；

　　　B——条料宽度（mm）；

　　　L——条料长度（mm）。

排样方法的选取是采用几种不同的排样法进行计算后，选取利用率最大者。为了计算简便，可在排列方法的比较中，用条料上排列的冲件个数除以条料的面积，所得的最大者为利用率最高的排列方法。

当几种排样法的材料利用率相近时，应采用条料较宽步距较小的排样法，这样便于节省剪裁条料时间，又可提高精冲零件的效率。排样时还应考虑模具结构和制造方法是否有利、使用是否安全等因素。

4.2.2　搭边值的确定

按精冲原理要求，冲压零件时，应利用齿圈压板先将精冲零件周围的材料压住，防止材料在剪切过程中流动，从而得到精冲零件的光洁剪切面。因此材料必须在冲制零件的四周留有一定的余量（因存在齿形压入材料有一定的宽度，故比普通冲裁的余量大）。零件之间、零件到条料宽度边的余量称为搭边。

搭边值的大小与精冲零件剪切面质量有关。从剪切面的质量要求来看，希望搭边值大些；从经济意义考虑，则希望小一些。因此合理的选择数值是十分重要的，应在满足精冲零件剪切面质量的前提下，将搭边值减小到最小数值。

搭边值应根据材料的厚度及抗拉强度选取不同的数值，材料厚度增大，搭边值也应适当增加。抗拉强度低的材料，其搭边值应大一些；抗拉强度高的材料，则可小一些。

零件的形状与搭边值的选取有关，在零件排列中，最小距离的相邻轮廓为圆弧状或小于

40mm 的直边时，可选取最小值；大于 40mm 的直边相邻时，应选取较大值。

搭边最小值为两个齿圈齿尖相切的距离，搭边最大值不超过零件边到齿圈压入材料部分最大距离的三倍，见图 4-7。

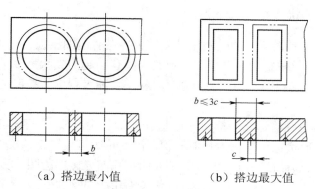

（a）搭边最小值　　　　　（b）搭边最大值

图 4-7　搭边的位置

搭边数值列于表 4-1。

表 4-1　搭边值

材料厚度 (mm)	材料抗拉强度（公斤/毫米^2）						材料抗拉强度（公斤/毫米^2）					
	$\sigma_b < 45$		$45 < \sigma_b < 60$		$60 < \sigma_b < 70$		$\sigma_b < 45$		$45 < \sigma_b < 60$		$60 < \sigma_b < 70$	
	a	b	a	b	a	b	a	b	a	b	a	b
	（毫米）											
1.0	1.3	1.5	1.2	1.3	1.1	1.2	1.5	2.0	1.3	1.6	1.2	1.3
1.5	2.0	2.2	1.8	2.0	1.6	1.8	2.2	3.0	2.0	2.4	1.8	2.1
2.0	2.6	3.0	2.4	2.6	2.2	2.4	3.0	4.0	2.6	3.2	2.4	2.6
2.5	3.2	3.6	3.0	3.3	2.7	3.0	3.6	5.0	3.2	4.0	3.0	3.2
3.0	3.9	4.4	3.6	3.9	3.3	3.6	4.6	6.0	3.9	4.8	3.6	3.9
3.5	4.5	5.2	4.2	4.5	3.8	4.2	5.2	7.0	4.5	5.6	4.2	4.5
4.0	5.2	6.0	4.8	5.2	4.0	4.8	6.0	7.6	5.2	6.4	4.4	4.8
5.0	5.5	6.5	5.0	6.0	4.5	5.5	6.5	8.0	6.0	7.0	5.5	6.0
6.0	6.6	7.8	6.0	7.2	5.4	6.6	7.8	9.0	7.2	8.4	6.6	7.2
7.0	7.7	9.1	7.0	8.4	6.3	7.7	9.1	10.5	8.4	9.8	7.7	8.4
8.0	8.8	10.4	8.0	9.6	7.2	8.8	10.4	12.0	9.6	11.2	8.8	9.6
10.0	11.0	13.0	10.0	12.0	9.0	11.0	13.0	15.0	12.0	14.0	11.0	12.0
12.0	13.2	15.6	12.0	14.4	10.8	13.2	15.6	18.0	14.4	16.8	13.2	14.4

4.3 齿圈设计

4.3.1 齿圈的作用及形状

精冲模具与普通模具最明显的区别是精冲模大多具有齿圈压板（个别除外）。它相当于普通冲模的卸料板，但在这块板上，沿型孔一定的距离有凸起的尖状齿圈。其作用是在精冲前用它先压入材料，增加对材料的三向压力，克服材料在精冲过程中的拉应力，防止产生材料的撕裂现象。

齿圈的形状应与型孔的形状一样，即沿型孔形状等距离放大一圈。但型孔形状复杂时，为了加工方便，齿圈形状也可简化为相似形状。齿圈轮廓可按以下情况考虑：

（1）精冲零件局部需精冲时，可在需精冲的型孔部分做出齿圈，其余部分可不做齿圈。

（2）型孔形状简单，齿圈加工方便，可使齿圈轮廓与型孔一致。

（3）型孔轮廓弯曲线多，起伏距离不大的部位，齿圈可采用直线与弧线相似。

（4）型孔为小模数齿时，因齿距较小，齿圈可采用圆圈轮廓；当齿距较大时，可采用简单的弧线齿圈轮廓。

（5）型孔有狭凸台时，凸台上不便加工齿圈，可用直线越过凸台的齿圈轮廓。

图 4-8 为各种型孔与齿圈轮廓，可供参考。

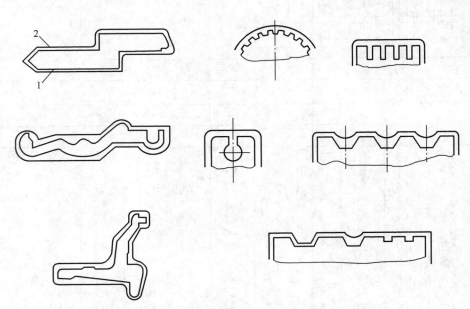

1—所有内线为型孔轮廓线；2—所有外线为齿圈轮廓线

图 4-8 各种型孔与齿圈轮廓

4.3.2　齿圈的齿形与尺寸

齿圈压板上的齿形有尖状齿形、凸台状齿形、斜面齿形三种形式，见图4-9。

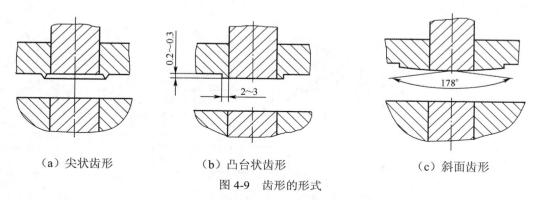

（a）尖状齿形　　　　　　　　（b）凸台状齿形　　　　　　　　（c）斜面齿形

图4-9　齿形的形式

从齿形的强度、加工工艺性能及对精冲零件质量的效果分析来看，这三种齿形各有优点。目前采用尖状齿形的较多，效果也较好。尖状齿形根据加工方法的不同，分为对称角度齿形和非对称角度齿形两种，见图4-10。

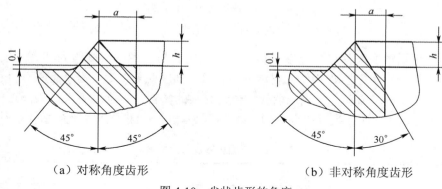

（a）对称角度齿形　　　　　　　　　　（b）非对称角度齿形

图4-10　尖状齿形的角度

对称角度齿形为电火花腐蚀加工的齿形，因电极上的齿形是由铣刀铣出的，故两面形成的角度是对称形状，这种齿形尖顶与齿的根部自然形成圆弧状。非对称角度齿形为铣削加工的齿形，铣削齿形时，内侧与外侧均采用不同角度的铣刀，使齿形内、外侧形成不同角度。图中 a 为齿尖到型孔边距离的尺寸，h 为齿形的高度尺寸。

根据加工方法的不同，可以采用不同的齿形。而齿形尺寸应根据被精冲材料的厚度及材料性质决定。

当精冲零件材料厚度在 3.5mm 以下（对于塑性较好的材料，可到 4mm）时，只需在齿圈压板上按尺寸加工出齿形，即单面齿圈。当冲件材料厚度在 3.5mm 以上时，若只在齿圈压板上制出齿圈，往往在精冲零件剪切面最后分离的一部分，仍有撕裂现象产生。为了获得整个剪切面的光洁，还必须在凹模刃口附近相应地制出齿圈，即双面齿圈，见图 4-11。凹模上齿圈的高度 h_1 应低于齿圈压板上的齿高 h。但凹模上有齿圈，不便于刃磨刃口，可采用电火花腐蚀刃口的方法解决。

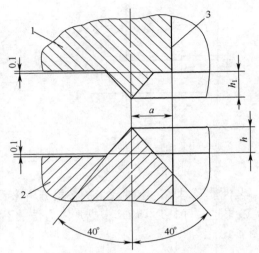

1—凹模；2—齿圈压板；3—型孔
图 4-11　双面齿圈

齿形高度根据精冲零件材料厚度及材料性能决定。材料越厚，则齿高越高（采用双面齿圈时，齿高以上、下齿高之和计算）。材料的塑性好，强度就差，为了提高齿圈对材料的压力，防止材料在剪切过程中流动，齿高应取较大值。材料的塑性差，强度就大，齿高可取较小值，以免齿圈受压力过大，而使齿圈压板变形，损坏模具零件。单面齿圈齿形参考尺寸列于表 4-2。

表 4-2　单面齿圈齿形尺寸

材料厚度	材料抗拉强度（公斤/毫米^2）					
	$\sigma_b < 45$		$45 < \sigma_b < 60$		$60 < \sigma_b < 70$	
	a	h	a	h	a	h
	（毫米）					
1.0	0.75	0.25	0.60	0.20	0.50	0.15
1.5	1.10	0.35	0.90	0.30	0.80	0.25
2.0	1.50	0.50	1.20	0.40	1.00	0.30
2.5	1.90	0.60	1.50	0.50	1.20	0.40
3.0	2.30	0.75	1.80	0.60	1.50	0.45
3.5	2.60	0.90	2.10	0.70	1.70	0.55
4.0	2.80	1.00				

双面齿圈齿形参考尺寸列于表 4-3。

表 4-3　双面齿圈齿形尺寸

材料厚度（mm）	材料抗拉强度（公斤/毫米²）								
	$\sigma_b < 45$			$45 < \sigma_b < 60$			$60 < \sigma_b < 70$		
	a	h	h_1	a	h	h_1	a	h	h_1
	（毫米）								
4.0				1.60	0.40	0.30	1.30	0.30	0.20
5.0	2.30	0.60	0.50	2.00	0.50	0.40	1.65	0.40	0.25
6.0	2.80	0.75	0.60	2.40	0.60	0.50	2.00	0.50	0.30
7.0	3.30	0.85	0.70	2.80	0.70	0.55	2.30	0.55	0.35
8.0	3.80	1.00	0.80	3.20	0.80	0.60	2.60	0.60	0.40
9.0	4.20	1.10	0.90	3.60	0.90	0.70	2.95	0.70	0.45
10.0	4.70	1.20	1.00	4.00	1.00	0.75	3.25	0.75	0.50
12.0	5.70	1.50	1.20	4.80	1.20	0.90	3.90	0.90	0.60

由于精冲所用润滑油很粘，在齿圈内必然有一部分油量存留。圈为封闭式时，这部分油量不易排除，精冲时易增加齿圈压力，减小精冲零件厚度，或造成精冲零件不平整，故须有泄油槽。可在齿圈的对称位置上开出两个泄油槽，泄油槽宽 2mm 左右，深度到齿底位置即可。

4.4　精冲压力计算

精冲压力的计算是选择精冲机床的主要因素之一，也是考虑精冲模具强度的重要依据。

1. 精冲总压力 $P_总$ 的计算

$$P_总 = P_剪 + P_齿 + P_推$$

式中　$P_总$——精冲所需的总压力（N）；

　　　$P_剪$——精冲零件的剪切力（N）；

　　　$P_齿$——齿圈压板的压料力（N）；

　　　$P_推$——推件板的反压力（N）。

2. 剪切力 $P_剪$ 的计算

计算剪切力时，应考虑所有影响剪切力的因素，这些因素有：

（1）材料的组织结构及机械性能。

（2）材料的厚度及公差。

（3）精冲零件内外轮廓的周长。

（4）凸、凹模的刃口间隙。

（5）凸、凹模刃口的形状、硬度及光洁度。

（6）剪切速度。

（7）材料和模具润滑油的种类及油量。

在实际工作计算中，将以上因素都计算进去是很困难的。实践证明，一般只需选择几个最主要的因素加以计算，再乘以安全系数 1.25 就可以了，计算公式如下

$$P_{剪} = K \cdot L \cdot t \cdot \sigma_\tau = 1.25 \times L \times t \times 0.5\sigma_b = L \times t \times \sigma_b$$

式中　K——系数 1.25；

　　　L——剪切线段的总长（mm）；

　　　t——材料厚度（mm）；

　　　σ_τ——材料的抗剪强度（N/mm²）；

　　　σ_b——材料的抗拉强度（N/mm²）。

这里需要说明的是，公式里应该用 σ_τ（抗剪强度），但材料供应厂家很少给出这个数值，因此一般精冲钢料时采用 $0.8\sigma_b$ 代替 σ_τ。同时为了考虑公式以外影响剪切力的因素，故将计算值乘以 1.25 系数，为了简化公式和查表方便，直接采用 σ_b 计算，其计算结果是一致的。

3. 齿圈压板压料力 $P_{齿}$ 的计算

压料力的大小对精冲零件的质量有直接影响。压料力过小，不易起到防止材料在剪切过程中流动的作用，达不到精冲零件的光洁剪切面。压料力过大，又增加了凹模刃口周围的载荷，使凹模刃口部分产生弹性变形，易损坏模具，同时还增加了机床的载荷，因此适当选择压料力是很重要的。

齿圈压板对材料起压料作用的是齿圈及内齿根到型孔边的面积，压料力按下式计算：

$$P_{齿} = (F_1 + F_2)\sigma_s$$

式中　F_1——齿形投影面积（mm²）；

　　　F_2——齿圈内齿根到型孔边面积（mm²）；

　　　σ_s——材料的屈服极限（N/mm²）。

目前在理论上还未提出一个全面的齿圈压力的计算公式，以上只是一个经验公式。由于此公式只考虑了材料的屈服极限，对于其他因素（如材料组织状态、润滑情况及齿形光洁度等）没有进行计算，所以公式计算所得的数值不是精确的数值，只是一个近似数值。在试模中可视精冲零件质量情况，在这个数值基础上，对机床压力由小到大进行调整，并将调整后的数值记入模具使用卡片上，以便在正式生产中供操作工人使用。

4. 推件板反压力 $P_{推}$ 的计算

推件板的反压力对精冲零件质量有一定影响。反压力大，对精冲零件的平直度、剪切面垂直度、塌角、尺寸精度等方面的质量都有一定提高。但反压力过大，又会增加凸模及推件板的载荷，容易损坏模具零件。因此反压力的确定，既要保证精冲零件的质量，又要保证模具的使用寿命。在一般情况下，可按下式计算

$$P_{推} = F \times P_g$$

式中　F——精冲零件的受力面积（mm^2）；

　　　P_g——单位压力（一般取 $20 \sim 70N/mm^2$）。

5. 卸件力和卸料力的确定

零件精冲过程中，为了从凹模内推出零件和从凸模上卸出废料，必须有一定的卸件力和卸料力，卸件力和卸料力是由推件板和齿圈压板传递的。

精冲完毕滑块回程时，精冲机床低压系统按预定的比例，供给足够的卸件力和卸料力，可不必进行计算。在通常情况下，上述二力分别用 $(0.1 \sim 0.5)P_{剪}$ 考虑。

4.5　凹模、凸模工作尺寸计算

精冲零件的内、外轮廓是由凸凹模、凹模、冲孔凸模的刃口冲剪成型。精冲零件的外轮廓尺寸精度主要取决于凹模的刃口尺寸精度，精冲零件的内轮廓尺寸精度则取决于冲孔凸模的刃口尺寸精度。但凸模、凹模刃口之间的间隙大小、刃口圆角大小、齿圈压板的压力、推件板的反压力的大小等，都对精冲零件尺寸精度有一定的影响。

在正常情况下，精冲零件外轮廓冲出后，用手指稍加力就能将精冲零件推入凹模里去，这说明精冲零件比凹模尺寸略小（约 0.005～0.010mm），精冲零件内孔冲出后，孔径略小于冲孔凸模的尺寸（约 0.010～0.020mm）。这些都是精冲工艺的特点，即精冲零件是在受较大的压力下剪切成形，当压力消失，材料内部的弹性变形恢复，造成了零件尺寸的收缩。

影响精冲零件尺寸精度的因素有：

（1）齿圈压板压料力及推件板反压力愈大，则精冲零件尺寸收缩愈大。

（2）材料塑性好的比塑性差的收缩大。

（3）材料厚的比材料薄的收缩大。

（4）对外轮廓来说，间隙小比间隙大的收缩小。

（5）冲孔凸模刃口圆角愈大，则孔径的收缩大。

（6）凹模刃口圆角愈大，则对精冲零件的侧挤压力愈大，造成材料内部的弹性变形，使精冲零件外轮廓尺寸略有变大。

（7）凹模、冲孔凸模在长时间使用后，刃口部分都有磨损，这将直接改变精冲零件的尺寸。

以上因素对精冲零件尺寸有一定的影响，虽然变化值一般只有 0.005～0.040mm，但是因精冲零件都是精密零件，尺寸精度较高，公差范围较小，因此对较高精度的精冲零件，确定凹模、冲孔凸模刃口尺寸时，必须考虑这些因素。

对于外轮廓精冲，计算凹模刃口尺寸时，由于精冲零件收缩较小，可以在精冲零件公差范围内进行考虑，不考虑加收缩量（当冲裁厚度超过 5mm 时，应增加收缩量）。由于凸模、凹模间隙很小，凸模刃口尺寸可以不计算，只按凹模尺寸标注，并注上"凸模按凹模实际尺寸缩小间隙"即可。

对于内轮廓精冲，计算冲孔凸模刃口尺寸时，当精冲零件公差很小时，尺寸计算后应加收缩量，精冲零件公差较大，则在零件公差范围内考虑，可以不加收缩量。冲孔凹模刃口尺寸可按冲孔凸模刃口尺寸标注，并注上"凹模按冲孔凸模实际尺寸放大间隙"即可。

计算刃口尺寸时，应考虑模具的磨损对零件尺寸的影响，是逐渐增大还是逐渐减小，还是不变，必须按不同的变化分别计算模具刃口尺寸。

精冲零件图示例见图 4-12。它由外轮廓和内轮廓精冲而成，由于外轮廓和内轮廓尺寸分别由凹模和冲孔凸模决定，并考虑到刃口磨损后的尺寸变化，必须按不同的变化类别分别进行计算。

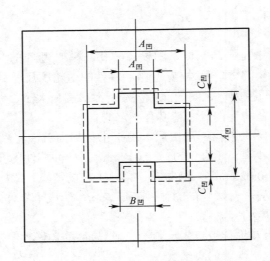

A—模具磨损后增大尺寸类；B—模具磨损后减小尺寸类

图 4-12　精冲零件图尺寸类别

1. 外轮廓精冲

精冲零件外轮廓尺寸，是由凹模刃口尺寸决定的。图 4-13 为凹模刃口形状图，图中实线为刃口实际形状，虚线为刃口磨损后形状。从图中可以看出，尺寸 A 部分刃口磨损后，尺寸逐渐增大；尺寸 B 部分刃口磨损后，尺寸逐渐减小；尺寸 C 部分刃口磨损后，尺寸不变。

考虑凹模磨损后对精冲零件尺寸的影响，在确定凹模刃口尺寸时，就不能将凹模刃口尺寸定在精冲零件公差的中线，对于磨损后易增大的尺寸，应将凹模刃口尺寸定在接近零件公差下限的尺寸，对于磨损后易减小的尺寸，应将刃口尺寸定在接近零件公差上限的尺寸，对于磨损后不变的尺寸，刃口尺寸可定在零件公差的中线。按这种方法计算，让凹模有一定的磨损余量，可以延长模具的使用寿命，凹模刃口尺寸在冲件公差范围内的位置见图 4-14。

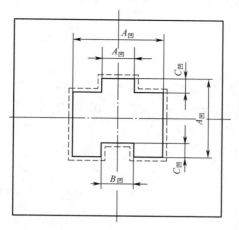

图 4-13　凹模刃口形状图

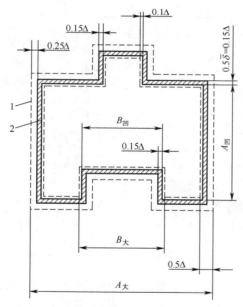

1—虚线为零件公差范围；2—细实线为凹模刃口公差范围

图 4-14　凹模刃口尺寸在零件公差中的位置

按图示计算凹模刃口尺寸：

$$A_{凹} = (A_{大} - 0.8\Delta)^{+\delta} = (A_{大} - 0.8\Delta)^{+0.3\Delta}$$

式中　　$A_{凹}$——凹模刃口尺寸；

$A_{大}$——零件最大尺寸；

Δ——零件公差；

δ——凹模刃口制造公差。

$$B_{凹} = (B_{大} - 0.2\Delta)_{-\delta} = (B_{大} - 0.2\Delta)_{-0.3\Delta}$$

式中　$B_{凹}$——凹模刃口尺寸；

　　　$B_{大}$——零件最大尺寸。

$$C_{凹} = (C_{大} - 0.5\Delta)^{\pm\delta} = (C_{大} - 0.5\Delta)^{\pm0.2\Delta}$$

式中　$C_{凹}$——凹模刃口尺寸（见图 4-14）；

　　　$C_{大}$——零件最大尺寸。

2. 内轮廓精冲

精冲零件内轮廓尺寸，是由冲孔凸模刃口尺寸决定的。冲孔凸模刃口的形状见图 4-15，图中实线为刃口实际形状，虚线为刃口磨损后形状。

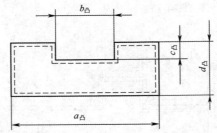

a—模具磨损后减小尺寸类；b—模具磨损后增大尺寸类；c—模具磨损后不变尺寸类

图 4-15　冲孔凸模刃口形状图

从图中可以看出，尺寸 a 的部分磨损后，尺寸逐渐减小；尺寸 b 部分磨损后，尺寸逐渐增大；尺寸 c 部分磨损后，尺寸均不变。

按冲孔凸模磨损后对精冲零件尺寸的影响，决定冲孔凸模刃口尺寸。图 4-16 为冲孔凸模刃口尺寸在零件公差范围内的位置。

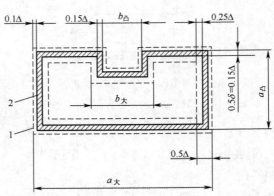

1—虚线为冲件公差范围；2—细实线为冲孔凸模刃口公差范围

图 4-16　冲孔凸模尺寸在冲件公差中的位置

按图示计算冲孔凸模刃口尺寸：

$$a_凸 = (a_大 - 0.2\Delta)_{-\delta} = (a_大 - 0.2\Delta)_{-0.3\Delta}$$

式中　$a_凸$——冲孔凸模刃口尺寸；

　　　$a_大$——零件最大尺寸；

　　　Δ——零件公差值；

　　　δ——冲孔凸模制造公差。

$$b_凸 = (b_大 - 0.8\Delta)^{+\delta} = (b_大 - 0.8\Delta)^{+0.3\Delta}$$

式中　$b_凸$——冲孔凸模刃口尺寸；

　　　$b_大$——零件最大尺寸。

$$c_凸 = (c_大 - 0.5\Delta)^{\pm\delta} = (c_大 - 0.5\Delta)^{\pm0.2\Delta}$$

式中　$c_凸$——冲孔凸模刃口尺寸（见图 4-16）；

　　　$c_大$——零件最大尺寸。

　　因精冲零件内轮廓精冲后有一定的收缩量，但数值不大，当精冲零件公差范围较大时可不考虑；当精冲零件精度较高尺寸公差范围较小时，就应对计算后的刃口尺寸进行修正，将收缩量加到计算后的尺寸中去，以保证冲出合格的精冲零件。

　　表 4-4 为精冲件内轮廓的收缩量，可供计算尺寸时参考。

表 4-4　精冲件内轮廓的收缩量

材料厚度	冲件公差值		
	<0.04	0.04>0.07	0.07>0.10
>1.5～2.5	0.010	0.010	
>2.5～3.5	0.020	0.015	0.010
>3.5～4.5	0.030	0.020	0.015
>4.5～6.0	0.040	0.025	0.020
>6.0～8.0	0.050	0.030	0.025

3. 凸模、凹模刃口间隙数值

　　凸模上要求均匀的分布在刃口形状的相对的两面，即凸模刃口边到凹模刃口边的距离为间隙数值的一半，见图 4-17。

$$z = A_凹 - A_凸$$

式中　z——间隙数值（mm）；

　　　$A_凹$——凹模刃口尺寸（mm）；

　　　$A_凸$——凸模刃口尺寸（mm）。

　　精冲模具的特点之一就是间隙值很小，普通冲模的间隙为材料厚度的 5%～10%，而精冲模具的间隙一般为材料厚度的 0.5%～1%。

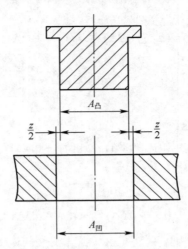

图 4-17　凸模、凹模刃口间隙

　　间隙值是根据精冲零件剪切面光洁度的要求确定的。一般来说，间隙值越小剪切面的光洁度越好，因此精冲模的间隙值取得很小。目前有关间隙值的确定和选用，是综合各种情况后取经验值。

　　间隙值的大小与材料的厚度、性能及冲件的形状有关，材料厚度越厚，则间隙值应增加，材料厚度一样，材料塑性好，就容易精冲，故间隙稍大也能得到较好的光洁剪切面，塑性差的材料需要更小的间隙才能得到光洁的剪切面。若是脆性材料，即使是很小的间隙也难于得到光洁的剪切面。精冲零件的形状对间隙的要求也不一样，往往内形较外形易于精冲，凹槽较凸台易于精冲，也就是说，外形及凸台所需间隙值比内形及凹槽的间隙值要小。

　　是否是精冲模的间隙越小越好呢？这样的说法不全面，因间隙小会使制造精度提高，增加加工的难度，并使模具二次重磨刃口间的使用寿命降低。因此应合理地确定间隙值，即在保证精冲零件质量的前提下，采取允许的最大间隙值。

　　当精冲零件有一部分剪切面的光洁度要求不高时，则可将这部分的间隙值放大。但为了保证其他部位小间隙的均匀，只能在凸模工作部分，将 2～4 倍材料厚度的长度放大间隙，以保证凸模与齿圈压板的准确导向，见图 4-18。

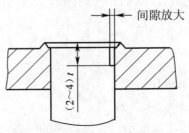

图 4-18　凸模局部间隙放大图

影响间隙值大小的因素较多，都考虑进去是困难的，只能根据主要的因素确定。主要因素有以下三个方面：

材料厚度　材料厚间隙大，材料薄，则间隙小。

材料塑性　材料塑性好间隙大，材料塑性差，则间隙小。

零件形状　零件外形应比内形孔的间隙值小。

表 4-5 为凸模、凹模刃口参考间隙值。

表 4-5　凸模、凹模刃口间隙值

材料厚度（mm）	材料抗拉强度（公斤/毫米^2）					
	$\sigma_b < 45$		$45 < \sigma_b < 60$		$60 < \sigma_b < 70$	
	外形	内形	外形	内形	外形	内形
	（毫米）					
1	0.015	0.020	0.010	0.015	0.010	0.015
2	0.030	0.040	0.020	0.030	0.016	0.026
3	0.045	0.060	0.030	0.045	0.024	0.040
4	0.060	0.080	0.040	0.060	0.032	0.052
6	0.090	0.120	0.060	0.090	0.048	0.078
8	0.120	0.160	0.080	0.120	0.064	0.104
10	0.150	0.200	0.100	0.150	0.080	0.130
12	0.180	0.240	0.120	0.180	0.100	0.160

表中所列数据在一般情况下均适用，由于存在各方面的因素，在某些情况下，用大于表列数据也能得到较好的剪切面。当冲孔直径、凹槽接近或小于料厚时，间隙值可放大 1.5 倍。当冲件厚度大于 6mm，为了延长模具寿命，在允许精冲件剪切面有料厚的 5%～10%的撕裂面时，间隙值也可放大一些。总之对于某些特殊情况，可根据实践中的经验，采用更为合适的间隙值来取得光洁的剪切面。

4.6　压力中心计算

精冲模具的凸模、凹模刃口间隙很小，要求模具在受力情况下，能够保持平稳地工作。要做到这一点，就必须尽量使模具的压力中心与精冲机床的滑块中心重合。若不重合则模具容易受到偏心载荷，使凸模、凹模刃口间隙发生偏移，刃口迅速变钝，同时还会使模具与机床的精密导向增加磨损，甚至使模具受到损坏，因此在模具设计时，必须确定压力中心。

精冲模具的压力中心就是冲压合力的作用点，凡对称形状零件的几何中心，就是该零件的压力中心。当零件形状复杂，或者是零件几个工位同时精冲的跳步模，则必须求出合力的作用点，即压力中心。表 4-6 为常用截面的重心位置。

表 4-6　常用截面的重心位置

序号	图形	公式
1		$y_s = \dfrac{a}{2}$ $y_{s1} = 0.707a$
2		$y_s = \dfrac{b}{2}$ $x_s = \dfrac{a}{2}$
3		$y_s = \dfrac{b}{2}$ $x_s = \dfrac{a}{2}$
4		$y_s = \dfrac{b}{2}$ $x = \dfrac{a}{2}$
5		$y_s = \dfrac{(cb^2 + 2ed^2)}{2(cb + 2ed)}$ $x_s = \dfrac{a}{2}$

续表

序号	图形	公式
6		$y_s = \dfrac{(2cb^2 + ed^2)}{2(2cb + ed)}$ $x_s = \dfrac{a}{2}$
7		平行四边形的重心 s 在对角线上 $y_s = \sin\alpha\,\dfrac{b}{2}$ $x_s = \cos\alpha \cdot \dfrac{b}{2} + \dfrac{a}{2}$
8		M 点为对角线交点，o 点为对边中点连线交点，重心 s 在 Mo 延长线上 $os = \dfrac{Mo}{3}$
9		三角形的重心 s 在角平分线交点 $y_s = \dfrac{1}{3}h$
10		重心 s 在梯形上下边的中心连线上 $y_s = \dfrac{h(2b + a)}{3(b + a)}$
11		$y_s = 0.866R$ $x_s = R$

序号	图形	公式
12		$y_s = x_s = r = 0.924R$
13		$y_s = 0.212D$ $x_s = \dfrac{D}{2}$
14		$y_s = \dfrac{2(D^2 + Dd + d^2)}{3\pi(D + d)}$ $x_s = \dfrac{D}{2}$
15		$y_s = \dfrac{2rl}{3l} = \dfrac{2}{3}r$ $x_s = \dfrac{c}{2}$
16		或 $y_s = \dfrac{4R\sin^3\alpha}{3(l - \sin 2\alpha)}$ $y_s = \dfrac{c^3}{6[Rl - c(R - h)]}$

续表

序号	图形	公式
17	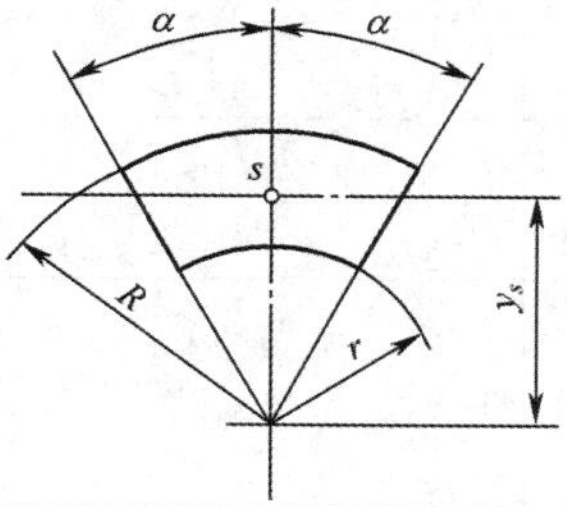	$y_s = \dfrac{2}{3} \cdot \dfrac{(R^3 - r^3)\sin\alpha}{[R^2 - r^2)\dfrac{\pi\alpha}{180°}}$
18	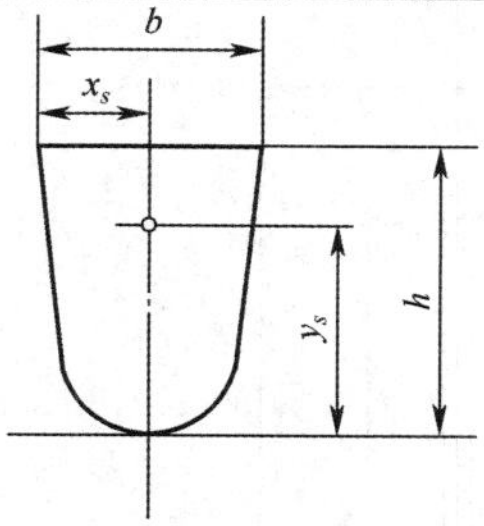	$y_s = \dfrac{3}{5}h$ $b_s = \dfrac{b}{2}$
19	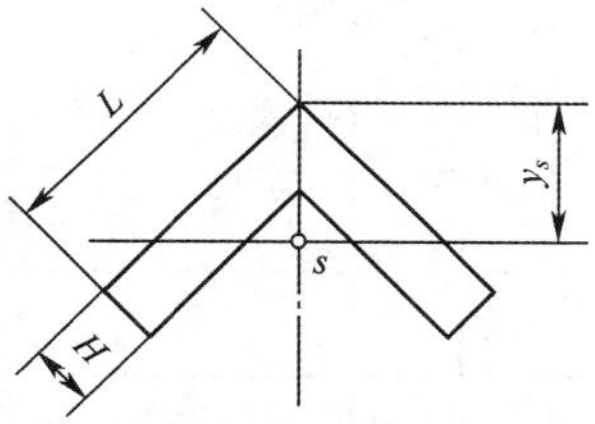	$y_s = \dfrac{L^2 + L \cdot H - H^2}{2(2L - H)\cos 45°}$
20	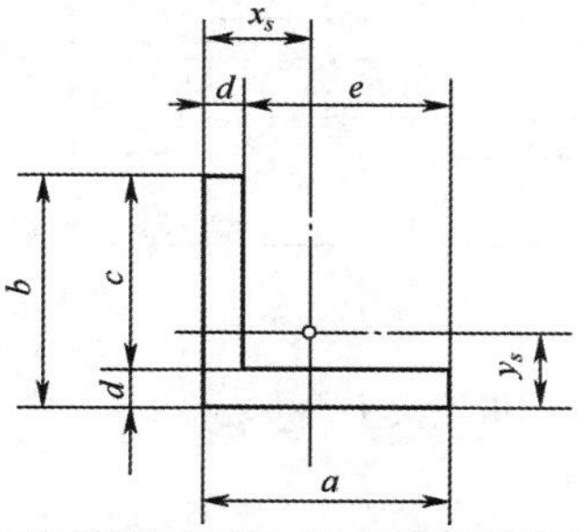	$y_s = \dfrac{b^2 + ed}{2(b + e)}$ $x_s = \dfrac{a^2 + cd}{2(a + c)}$

压力中心的确定，是保证精冲模具及精冲机床正常进行工作的一个重要因素。

压力中心的确定有解析法和图解法。

1. 解析法

这种方法是用同一轴线分力之和的力矩等于分力矩之和的关系。由于剪切力与零件的线段长度成正比，故可以用线段长度进行计算，见图 4-19。其步骤如下：

（1）按比例画出精冲零件图。

（2）在精冲零件图两边的任意距离，设 x-x 与 y-y 坐标轴线。

（3）找出零件各线段的重心及其坐标位置。

（4）用下列公式确定精冲零件的压力中心：

$$x_s = \frac{L_1 \cdot x_1 + L_2 \cdot x_2 + L_3 \cdot x_3 + \cdots + L_{10} \cdot x_{10}}{L_1 + L_2 + L_3 + \cdots + L_{10}}$$

$$y_s = \frac{L_1 \cdot y_1 + L_2 \cdot y_2 + L_3 \cdot y_3 + \cdots + L_{10} \cdot y_{10}}{L_1 + L_2 + L_3 + \cdots + L_{10}}$$

x_s 与 y_s 的交点为精冲零件的重心，即压力中心。

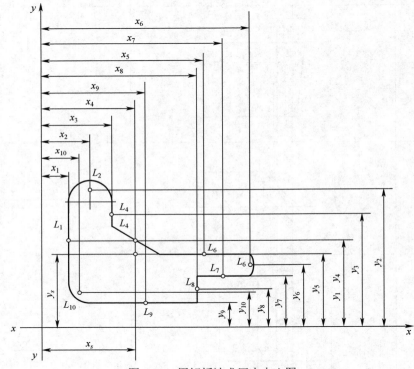

图 4-19　用解析法求压力中心图

2. 图解法

图解法和解析法的原理是一样的，它是用索线多边形法，求出一个平面内几个力的合力作用线位置的方法，然后将所有力点同向转 90°并作相应的索线多边形，求得合力作用线，两者交点就是该图形的重心。图解法用于确定形状复杂零件的重心位置，也可以用于确定多凸模的跳步模的重心位置。

用图解法确定精冲零件的重心位置（图 4-20），其步骤如下：

（1）按比例绘出精冲零件图。

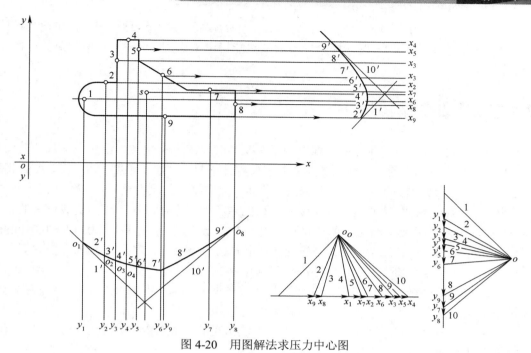

图 4-20　用图解法求压力中心图

（2）将图形分成若干单元（弧线、横线、竖线、斜线等）并确定各单元的重心位置。此图中为 9 个单元，圆圈表示各单元的重心位置（可以从任何一单元开始，并按顺时针方向标顺序号）。

（3）将图形放在坐标系统中。

（4）从各单元线段重心出发，作平行于 y 轴线的平行线 $y_1, y_2, \cdots, y_9$。

（5）在图形坐标系统外，作一条平行 y 轴线的直线，并在直线上按图形各单元的线段长度成比例的截取线段（截取的线段，按离 y 轴线由近到远顺序进行）。

（6）在直线的一侧，任意取一点 o，通过 o 点作射线 $1,2,\cdots,10$，交于直线上截取的线段 $y_1, y_2, \cdots, y_9$ 的首、末端，组成三角形表示图。

（7）作三角形表示图中射线 1 的平行线 $1'$ 线段，交于 y_1 线段上任意一点 o_1，再通过 o_1 点，作三角形表示图中射线 2 的平行线 $2'$，交于 y_2 线段上的 o_2 点，通过 o_2 点作射线 3 的平行线，交于 y_3 线段上的 o_3 点。依此类推，作出最后平行线 $10'$，第一条平行线 $1'$ 与最后一条平行线 $10'$ 交于 m 点。

（8）用同样方法确定 x 轴线上力的三角形表示图，并求出 n 点。

（9）通过 m 点作 y 轴线的平行线，过 n 点作 x 轴线的平行线，这两线的交点 s 为该精冲零件的重心，即压力中心。

将精冲零件重心位置设计在模具与机床的安装中心即可。

虽然相当部分零件的重心能与模具、机床滑块中心重合，但有某些特殊形状的零件的重心，不可能与模具、机床滑块中心重合，即存在一定的偏距。遇有这种情况时，在模具设计中要特别加强模具导向的强度，保证模具受力后依然能稳定工作，防止由于有偏载荷的存在使模具受到损坏。

4.7 主要零部件结构设计

由于精冲工作原理与普通冲压原理不同，对模具的要求也不一样。精冲模具尺寸精度高，凸、凹模刃口间隙小，冲压过程中受力大，其主要零件的材料、加工精度、粗糙度、配合精度、热处理等，都比普通冲模的主要零件要求高。尤其是受力零件的刚性要好，不允许在精冲过程中产生变形，否则会影响精冲模具的精度、刃口间隙和使用寿命，甚者还会造成模具的损坏。

精冲模具的刃口间隙，约为被剪切材料厚度的 0.5%～1%甚至更小（约 0.005～0.010mm），这就要求凸模与凹模的制造精度很高，导向、固定方法十分稳定和牢固。凸模、凹模的相对位置要精确，保证在运动和受力过程中不产生任何位移。

每一副精冲模都是由一些能协同完成冲压工作的基本零部件构成的，这些零部件按其在精冲模中所起的作用不同，可分为工艺零件和结构零件两大类：

工艺零件——直接参与完成工艺过程并与板料或冲件直接发生作用的零件，包括工作零件、定位零件、卸料与出件零部件等。

结构零件——将工艺零件固定联接起来构成模具整体，是对精冲模完成工艺起保证和完善作用的零件，包括支撑与固定零件、导向零件、紧固件及其他零件等。下面着重介绍精冲模各主要零部件的结构、设计要点及参考值选用等基本知识。

4.7.1 工作零件

1. 凸模结构设计

凸模是精冲模具的关键零件，它的形状和尺寸直接影响精冲模具的刃口间隙和精冲零件剪切面的粗糙度，它的强度直接影响精冲模具的寿命。

凸模的结构设计，应根据精冲零件的形状、本身的强度、加工方法等进行考虑。凸模结构分为工作与固定两部分。工作部分形状必须与精冲零件形状一致，尺寸精度按计算后的刃口尺寸标注。固定部分则按加工方法不同，采用不同形式，图 4-21 为几种不同形式的凸模。

当凸模有内形孔而孔壁较小时，为了增加凸模强度，内形孔应设计为不通孔，见图 4-21 （d）。不通孔的深度应为推料板厚度加上 2～5 倍被精冲材料的厚度，材料薄时取大值，材料厚时取小值，凸模不通孔的部位加工出一个或数个顶杆孔，这种设计方法能提高凸模的强度。

凸模的固定方法应按凸模形状决定，当凸模为直通式而截面积又小时，应用凸模固定板固牢；被精冲的材料较厚时，凸模下面还应加淬硬的垫板，防止在大量生产中将底板压出坑痕；凸模面积较大时，可直接用螺钉固紧凸模；凸模有凸缘时，可在凸缘部分用螺钉固牢。图 4-22 为凸模的几种固定方法。

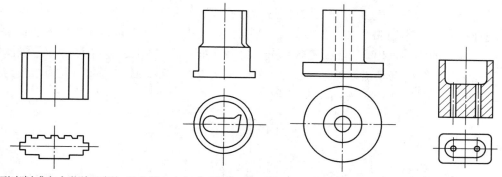

（a）成形磨削或电火花线切割加工凸模　（b）仿型刨加工凸模　（c）圆磨加工凸模　（d）内形孔不通孔凸模

图 4-21　凸模的几种形式

　　当凸模外形为圆形，内孔为异形孔或多孔时，凸模与固定板之间应加销钉或定位键，防止凸模转动，如图 4-22（e）及（f）所示。

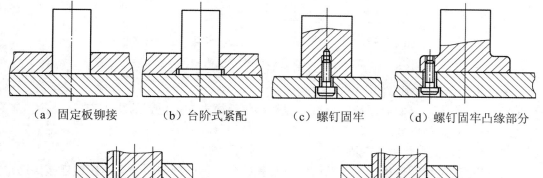

（a）固定板铆接　　　　（b）台阶式紧配　　　　（c）螺钉固牢　　　（d）螺钉固牢凸缘部分

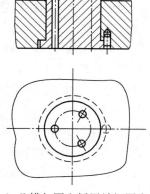 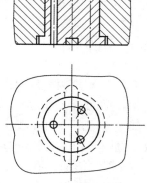

（e）凸模与固定板用销钉固牢　　　　　　（f）凸模与固定板用键固牢

图 4-22　凸模的几种固定形式

2. 凸模座及顶板的结构设计

这两种结构件是用于活动凸模式结构，在专用精冲机床上使用。由于活动凸模式结构里的凸模需要与机床滑块连接，以便在冲压过程中凸模随滑块运动而冲压零件。但凸模直接与机床滑块连接有很多不利的因素，当凸模有内形孔时，如内形孔在滑块连接端面的范围以内，就无法将内形孔的废料顶出，当凸模工作部分尺寸较小而连接部分较大时，这就使凸模两端尺寸大小相差太多，给加工和热处理带来困难。为了解决以上困难，必须将凸模分为凸模与凸模座两部分。图 4-23 为凸模与凸模座的结构型式。

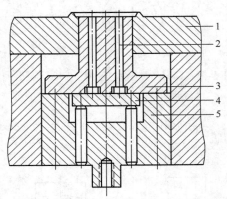

1—齿圈压板；2—顶料杆；3—凸模；4—顶板；5—凸模座

图 4-23　凸模与凸模座结构型式图

采用凸模座结构的优点如下：

（1）凸模座内可以安放顶板，通过顶板能够将凸模内任意位置的冲孔废料顶出。

（2）形状复杂精度要求高的凸模，可以采用成型磨削或电火花线切割进行加工。它只需增加一块凸模固定板和垫板，既固定了凸模，又能与凸模座连接。

（3）凸模通过齿圈压板导向，凸模座仅与底孔配合，凸模与凸模座用螺钉连接，这种结构加工方便，也易于达到装配要求。

凸模座是凸模与机床的连接体，又是凸模的支承体。凸模座内安放顶板，顶板能在凸模座内活动，减少了凸模座对凸模的支承面积，对凸模强度有一定的影响。因此在设计顶板时，既要使它能与凸模内所有顶料杆及下部顶杆接触，保证所有冲孔废料顺利顶出，又要在满足顶板强度情况下减少顶板的面积，增大凸模与凸模座的支承面积，使凸模座有足够的强度支承凸模。

当凸模为成型磨削或电火花线切割加工成直通式时，凸模有内孔则应设计相应的固定板和淬硬的垫板，见图 4-24；凸模没有内孔则只须固定板，并将凸模座直接淬硬。

凸模带凸缘不管是否有内孔，在精冲较薄的材料时可不用垫板，见图 4-25。当精冲材料较厚顶板面积较大时，可将凸模座淬硬。

（1）顶板的设计　顶板的用途主要是传递力的作用，将凸模内孔冲出的废料顶出，由于顶杆最小距离必须大于滑块的连接部分，才能顶在机床台面的固定圈上，因此顶板的最小长度必须大于顶杆距离，见图 4-26。

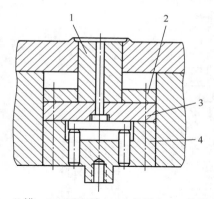

1—凸模；2—固定板；3—垫板；4—凸模座

图 4-24　直通式凸模与凸模座结构

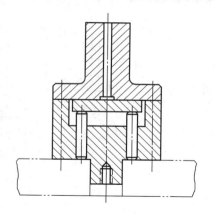

图 4-25　带凸缘凸模与凸模座结构

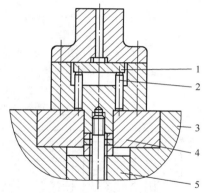

1—顶板；2—顶杆；13—机床台面；4—固定圈；5—机床滑块

图 4-26　顶板与顶杆位里

顶板的形状，按凸模的内孔形状和位置设计，需满足与凸模内所有顶料杆接触。当凸模内孔位置距离较大时，为了减小顶板的面积，顶板可设计成十字形或多爪形，也可以按孔位分段设计成两块或三块。当凸模中心无孔，其他位置孔较多时，可设计成环状，以便凸模座中心能高出凸台衬托凸模，增加凸模座对凸模的支承，从顶板的强度需要来讲，应进行淬硬处理。图 4-27 为顶板的几种形式。

（2）凸模座的设计　根据精冲零件的形状，凸模座可以设计成圆形或矩形，其下部有圆凸台，用于模具和机床安装定位，圆凸台中心有螺孔与机床滑块连接，定位用的圆凸台及螺孔直径，应按机床尺寸进行设计。

在复合模具结构里，凸模座里须安放顶板，因此凸模座上部就必须按顶板形状铣出不通的型孔，型孔每边可比顶板大 1～2mm，深度为顶板厚度加上 2.5～6 倍精冲材料的厚度，材料薄时取大值，材料厚时取小值，见图 4-28。

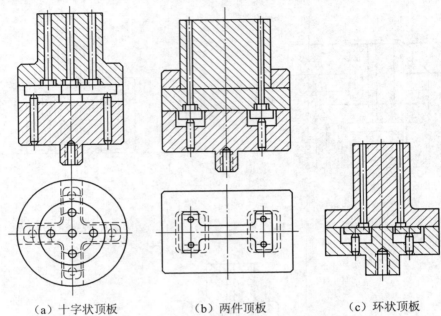

（a）十字状顶板   （b）两件顶板   （c）环状顶板

图 4-27　顶板的几种形式

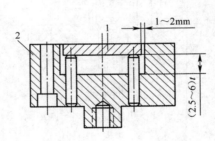

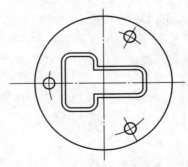

1—顶板；2—凸模座

图 4-28　凸模座型孔与顶板配合

为了加工方便，也可以在凸模座与凸模之间加中垫板，中垫板内形孔按顶板形状加工，这种结构的凸模座省去铣型孔，只要加工出顶杆孔，但装配时顶杆孔必须正对顶板，见图 4-29。

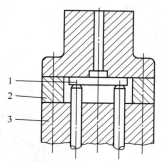

图 4-29　凸模座加中垫板结构

1—顶板；2—中垫板；3—凸模座

凸模和凸模座在精冲过程中处于运动状态，故导向十分重要，凸、凹模的均匀间隙由齿圈压板作凸模的导向保证，凸模与齿圈压板的配合必须十分准确。在凸模刃口部分截面的强度较大，凸模与齿圈压板配合面较长的情况下，凸模座可以不必与模板准确导向。凸模座可以小于模板孔，见图 4-30（a）。当凸面刃口截面强度较低，凸模与齿圈压板的配合部分又短时（因齿圈压板较厚，加工狭长的小槽困难，后部必须扩大，这就减小了导向长度），凸模在运动中若略有不平衡，将易被折断，因此必须增加凸模座与模板的导向，保证凸模能平稳的运动，见图 4-30（b）。

当凸模工作部分的外形为圆形、内形为异形孔或多个圆孔时，凸模与齿圈压板的配合只能保证轴向位置准确，无法保证径向位置。在这种情况下，凸模座与模板必须增加径向的定位。一般应在凸模座与模板之间用防转销或键定位，并用销钉将凸模与凸模座固牢，以保证凸模在径向位置的准确，见图 4-31（a）。也可以在凸模与齿圈压板之间增加导向销，防止凸模的径向转动，见图 4-31（b）。

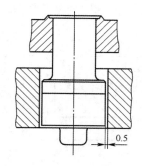

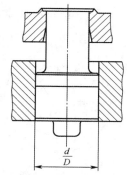

（a）凸模座与模板不作导向配合　　（b）凸模座与模板作导向配合

图 4-30　凸模座与模板的配合

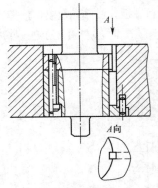

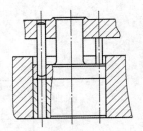

（a）凸模座与模板的定位　　　　（b）凸模与齿圈压板的定位

图 4-31　凸模、凸模座径向定位

3．凹模结构设计

凹模是精冲模具的主要工作零件。凹模型孔是使精冲零件成形的，型孔形状与精冲零件形状一致，型孔刃口尺寸按计算的刃口尺寸标注。精冲凹模比普通冲裁凹模承受力量大，要求精度高，在精冲过程中要求稳定牢固。因此凹模外形尺寸较普通冲裁凹模大，凹模型孔边到凹模外形距离可参考图 4-32。图中数值的选择是：精冲材料的厚度小于 2mm 时取较小值；2～5mm 时取较大值；若超过 5mm 则适当增加其数值。拼块凹模由外套 1 和拼块凹模 2 组成，如图 4-32（c）所示。

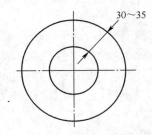

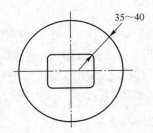

（a）圆形型孔的距离　　　　（b）矩形型孔的距离

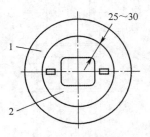

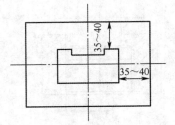

（c）拼块凹模的距离　　　　（d）矩形型孔的距离

图 4-32　凹模型孔边到周边距离

凹模与凸模刃口间隙很小，剪切过程中受力又大，因此凹模必须固定牢固。目前普遍采用以下两种固定方法。

锥面固定　即凹模外圆为圆锥体，用锥度与模板内锥孔（或内锥套）定位，用定位销作径向定位，并用螺钉固牢，见图 4-33。这种固定方法十分稳定可靠，但须较高的加工工艺水平方能达到要求。

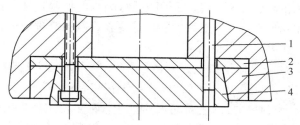

1—定位销；2—垫板；3—锥套；4—凹模

图 4-33　圆锥面定位方法

销钉、螺钉固定　凹模用销钉、螺钉与模板固紧，为了防止在冲压过程中因受力大而产生位移，且保证装配间隙均匀，在凹模与齿圈压板之间增加小导柱导向，见图 4-34。此种结构的凹模、齿圈压板的型孔及小导柱孔，最好同时加工以保证一致。而凸模又是以齿圈压板型孔导向，因此装配中容易保证间隙均匀一致。小导柱增加了凹模、齿圈压板受力时的稳定性，这种结构制造方法简单，但增加了模具零件。

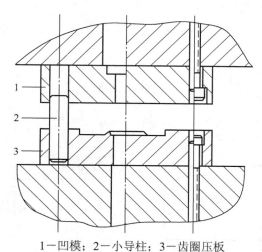

1—凹模；2—小导柱；3—齿圈压板

图 4-34　销钉螺钉固定方法

凹模型孔是指凹模刃口形状，凹模型孔应与精冲零件形状一致。而精冲零件的形状复杂多样，精度要求高，通常用普通冲压工艺无法冲压的零件，也需用精冲工艺来完成，这就给凹模型孔的加工增加了困难，型孔刃口部分截面强度减弱（精冲小于料厚的狭槽等），在设计时必须合理解决。

凹模型孔的加工，常用磨削加工或电火花加工两种方法。电火花加工又分电火花腐蚀穿孔与电火花线切割。由于凹模在剪切过程中受力大，应尽量采用整体结构。一些用机械方法难以加工的型孔，可以用电火花加工进行加工。当凹模较大，超过电加工机床的加工范围时，仍需采用镶拼结构。从使用角度要求来看，凹模型孔截面强度低易损坏的部位，也应尽可能设计成镶拼结构，并多做镶拼件的备件，损坏后能快速更换，减少修理时间，缩短生产周期，这是镶拼方法很重要的一个优点，但不适合精冲厚料。

设计镶拼凹模结构时，选择镶拼位置十分重要。由于精冲零件是在受较大的压力下冲制成形，它对凹模也产生很大的涨力，故剪切面上有镶拼接缝的痕迹。所以镶拼接缝应尽量避免设计在精冲零件剪切面上有使用要求的部位及圆弧上，而应设计在圆弧与直线交点上。凹模与镶拼件固紧方法是，当镶拼不大时，可用圆台、方台、斜面等紧配固牢，参见图 4-35。图中 1 为镶拼件，2 为凹模型孔。当镶拼件面积较大时，应增加螺孔，以便用螺钉连接在固定板上，如图 4-36 所示。

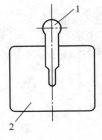 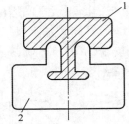 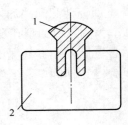

（a）圆台固紧　　　　（b）方台固紧　　　　（c）斜面固紧

图 4-35　镶拼件的镶拼方法

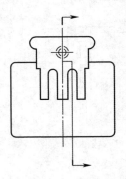 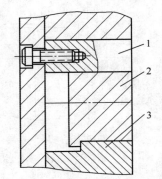

1—镶拼件；2—推件板；3—凹模

图 4-36　螺钉固紧镶件

当凹模为组合拼块时，应在拼合面上加定位键，保证凹模拼块在受力情况下不易错位，见图 4-37。也可以将整个凹模拼块镶牢在模板内，镶入模板内的深度不应小于凹模厚度的 2/3。凹模为两个半圆拼块时，拼块凹模外应加锥套固牢。

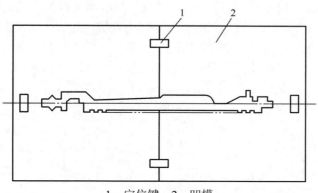

1—定位键；2—凹模

图 4-37 用定位键的凹模拼块

由于凹模厚度较厚，对型孔中狭小的槽的加工比较困难，为了减少该部分的加工深度，在凹模型孔后部采取扩大的方法，但扩大的形状及深度应充分考虑凹模的强度，经过扩大的孔应能安放推件板的台阶，以防止推件板从凹模内脱出。

在精冲零件的面积不大、材料较薄时，凹模后部可扩成形状简单的方孔或圆孔。

精冲零件悬臂较长材料较厚时，凹模型孔后部可按型孔相似形状扩大。

当凹模型孔有强度较弱的截面时，只能采取局部扩大的方法，即在强度较高的部位扩大型孔。强度较弱的部位扩大型孔后，形成了悬空的臂，在冲压过程中很容易折断。常用的几种扩大方法见图 4-38。

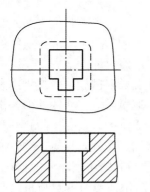 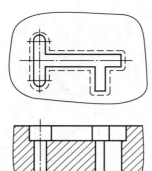 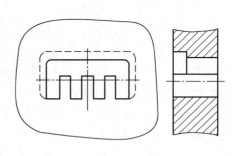

（a）凹模后部扩简单形状孔　（b）凹模后部按型孔扩相似孔　（c）凹模后部局部扩孔

图 4-38 凹模型孔后部几种扩大方法

当凹模型孔内的悬臂台宽度接近精冲材料厚度的两倍，而悬臂长度又是宽度的10倍左右时，悬臂后部不但不能扩大型孔，而且在凹模后部还应增加淬硬的垫板支承悬臂，以防受力时容易折断，如图4-39（a）所示。

当凹模型孔内的悬臂宽度接近或小于精冲材料厚度，而悬臂长度又是宽度的10倍以上时，这种悬臂的截面是危险的截面，很易损坏。为了修模方便，应设计成镶拼件，并由推件板作准确导向，保证镶拼件的正确位置，镶拼件用凹模后部的固定板固定，防止脱出，镶拼件与固定板可做成四级过渡配合，与推件板应做成二级过渡配合。固定板后部用淬硬的垫板托住，这样既增加了镶拼件的强度，延长了使用寿命，又使修模十分方便，见图4-39（b）。

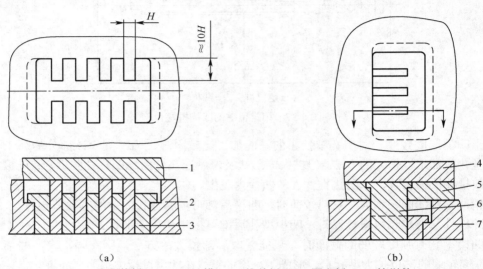

1—淬硬垫板；2、7—凹模；3—推件板；5—固定板；6—镶拼件

图4-39　凹模有狭长悬臂的结构

4. 凹模、冲孔凸模的刃口圆角

在正常的压力及合适的间隙情况下，当凹模及冲孔凸模刃口十分锋利时，精冲零件剪切面上有水纹式的不光洁现象，这种现象在材料薄时反应轻微，材料厚时反应严重，主要原因是材料组织不均匀。材料越厚，内部组织均匀性越差，因此应在模具上采取措施，就是将锋利刃口倒成圆角，圆角能起到挤压材料的作用，在剪切中能改善剪切面质量。由于冲件外形是由凹模成形的，因此必须在凹模刃口上倒圆角。冲件内形是由冲孔凸模成形的，则应在冲孔凸模刃口处倒圆角，这种方法能得到光洁度很好的剪切面。但圆角不能太大，圆角大容易在冲件的剪切面形成波纹状的光洁面，并且使冲件塌角增大，因此必须选择适当的圆角值。一般情况下，试模时先取最小圆角，待试冲后视零件质量情况再逐步加大。刃口圆角值与料厚及材料抗拉强度有关，内形较外形易于光洁，故圆角值也不一样，凹模刃口圆角的参考值见表4-7。冲孔凸模刃口圆角的参考值见表4-8。

表 4-7　凹模刃口圆角值

材料厚度 （mm）	材料抗拉强度（公斤/毫米²）		
	$\sigma_b < 45$	$45 < \sigma_b < 60$	$60 < \sigma_b < 70$
	刃口圆角值（毫米）		
1～2	0.06	0.08	0.10
>2～4	0.10	0.12	0.14
>4～6	0.12	0.14	0.16
>6～8	0.14	0.16	0.18
>8～12	0.18	0.20	0.22

表 4-8　冲孔凸模刃口圆角值

材料厚度 （mm）	材料抗拉强度（公斤/毫米²）		
	$\sigma_b < 45$	$45 < \sigma_b < 60$	$60 < \sigma_b < 70$
	刃口圆角值（毫米）		
1～2	0.04	0.06	0.08
>2～4	0.08	0.10	0.12
>4～6	0.10	0.12	0.14
>6～8	0.12	0.14	0.16
>8～12	0.16	0.18	0.20

4.7.2　推件板、杆结构设计

1. 推件板结构设计

推件板是精冲模具里一个重要构件，它担负着精冲前将材料加压、精冲后，将精冲零件从凹模内推出的任务。在复合精冲模具中，它是冲孔凸模的导向定位体，在复杂的精冲模具里，还能在零件表面上完成浅的压印、浮雕、弯曲等工序，因此它在精冲模具中是一个既精密又有一定强度要求的构件。

推件板的精度要求高，其外形与凹模型孔、内形与冲孔凸模成无松动滑配，设计时应考虑它的加工工艺性和强度，通常采用热处理变形小的合金工具钢制造，并经淬硬处理。

推件板在凹模内活动但不能脱出凹模，推件板后部用凸出的凸缘部分跨在凹模型孔后部扩大的孔内以防脱出。但推件板形状复杂多样，往往因加工困难而在后部无法制出凸缘，因此必须根据不同情况设计。

推件板外形为圆形，或形状简单能用车、铣、磨加工出凸缘的情况下，可做成整休带凸缘状。当外形复杂，四周都带凸缘加工困难时，可在形状简单的部位局部加工出凸缘，见图4-40。

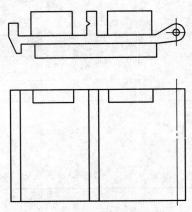

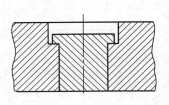

（a）整体凸缘推件板结构　　　　　（b）局部带凸缘的推件板

图 4-40　整体推件板结构

当推件板凸缘部分无法加工时，可将其设计为直通式推件板 2 与顶板 1 两部分。顶板 1 可采取简单形状，外形大于推件板 2，并用螺钉连接，见图 4-41（a）。若推件板 2 截面太小，无法安装螺钉时可采用铆接结构，将推件板 2 端面铣出方台与顶板 1 铆接，见图 4-41（b）。

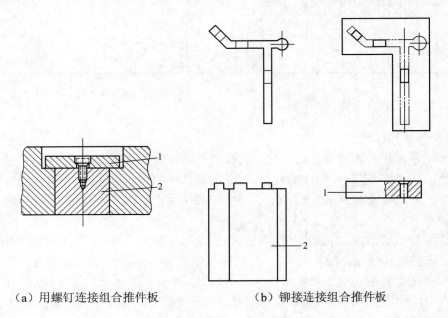

（a）用螺钉连接组合推件板　　　　　（b）铆接连接组合推件板

图 4-41　推件板组合结构

推件板借助顶杆传递压力，因此顶杆的位置分布十分重要，它对推件板的强度及能否正常工作有很大影响，有时会造成模具的损坏。顶杆位置正确时，使推件板受力均匀，能保持正常的工作，延长模具使用寿命；若顶杆位置不正确，将缩短模具使用寿命。

顶杆最好设计在推件板强度较弱截面的位置，或者在以它为对称的位置上，使它受垂直压力，不受偏载荷，这样可提高推件板使用强度，延长模具寿命。图 4-42（a）所示为合理的顶杆位置，图 4-42（b）所示为不合理的顶杆位置，使推件板细长部位受力不均而易于损坏。当推件板内有小直径冲孔凸模时，因推件板的变形会引起冲孔凸模的位移，这就无法保证冲孔凸模刃口的均匀间隙，推件板变形大，还会造成冲孔凸模折断。

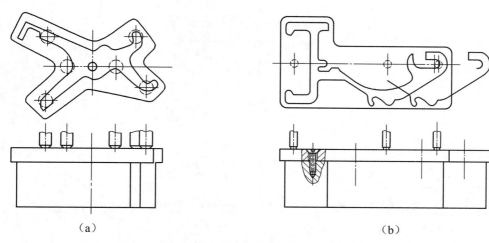

图 4-42　顶杆位置图

推件板是冲孔凸模的定位导向构件，冲孔凸模的正确位置由推件板保证（冲孔凸模与推件板为无松动滑配，与固定板为四级滑配）。但推件板和凸模固定外形为圆形时，由于径向位置能转动，无法保证冲孔凸模的正确位置，在这种情况下，必须在推件板与凹模之间加导向销或导向键，防止推件板转动。也可以将冲孔凸模固定板与凹模用销钉固牢（但冲孔凸模与固定板的配合必须为无松动滑配），这也能保证冲孔凸模的正确位置，见图 4-43。凹模与推件板加防转导向销的结构见图 4-43（a），凹模与冲孔凸模固定板加销钉的结构见图 4-43（b）。

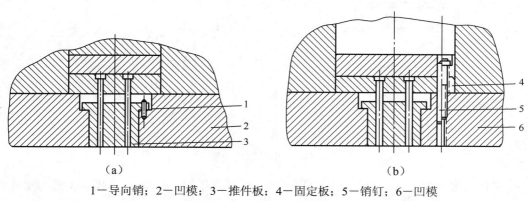

1—导向销；2—凹模；3—推件板；4—固定板；5—销钉；6—凹模

图 4-43　防止圆形推件板转动的方法

推件板将零件推出凹模后，由于润滑油或毛刺的影响，使精冲零件粘在推件板端面，不易自由落下，既影响生产效率又很不安全，因此推件板上需安装一个弹性推件销。推件销端部呈圆弧状，并高出推件板端面，推件杆后部装弹簧，见图 4-44。弹簧推件杆的位置应设计在精冲零件表面没有质量要求的部位，以防推件板反压力过大，将精冲零件压出印痕，影响精冲零件的表面质量。

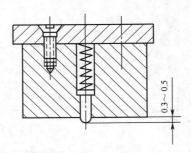

图 4-44　推件杆的结构

2. 推料杆设计

推料杆是复合精冲模具结构中用于推出冲孔的废料，它装在凸模的内形孔内，由顶板将它托住，配合精度要求不高。

推件杆形状与凸模内型孔一致，为了防止脱出，后部带有凸台，直径不大时，头部可做成圆弧状，以免润滑油粘住零件，并应高出凸模 0.2mm，以便将废料排出，见图 4-45（a）。若考虑凸模强度，内型孔设计为不通孔时，推料杆就相应设计成台阶状，下端用螺钉与顶板连接，以防脱出，见图 4-45（b）。

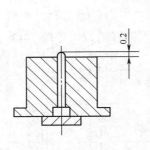

（a）带圆弧头的推料杆

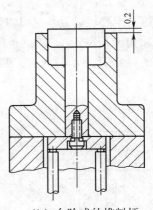

（b）台阶式的推料杆

图 4-45　推料杆结构形式

推料杆为多件圆杆时，可与顶板采用铆接形式，见图 4-46（a）。凸模内型孔为狭长的不通孔时，推料杆可做成板状，由顶杆与顶板进行连接，见图 4-46（b）。

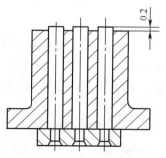
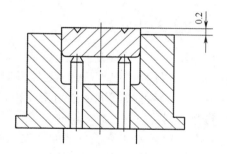

（a）推料杆与顶板铆接形式　　　　　　（b）推料板、顶杆、顶板连接形式

图 4-46　推料杆连接形式

推料杆面积较大，可在推料杆内装弹顶销，弹顶销高于推料杆。若无法装弹顶销，可在推料板开气槽，见图 4-47，以便能将零件吹走。

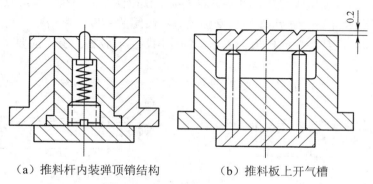

（a）推料杆内装弹顶销结构　　　　　　（b）推料板上开气槽

图 4-47　推料杆装弹顶销或开槽

若冲孔直径大，为了降低零件孔壁的粗糙度值，可在推料杆上做出齿圈，增加对材料的压应力。为了排除废料，还应增加弹顶销，见图 4-48。

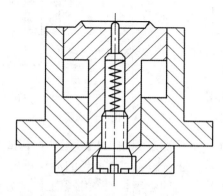

图 4-48　推料杆带齿圈及弹顶销结构

4.7.3 齿圈压板结构设计

精冲模具里的齿圈压板类似于普通冲模的卸料板，但它的作用比普通冲模的卸料板重要得多，除了起卸料作用外，更主要的是对被精冲的材料在剪切前施加压力，并对凸模起导向定位作用。作为精冲模具里一个高精度和高强度的重要构件，材料方面必须选用强度高、淬火变形小的合金钢。

齿圈压板最大的特点是端面有尖状齿圈，其齿形为铣加工时，顶部呈尖状，允许在长期使用后变钝而不用修整。用电腐蚀加工的齿形，顶部与根部自然形成圆弧状也是允许的，这只是增加了压料力，无其他影响。

齿圈压板外形及尺寸、固定方法与凹模相同，可参看凹模结构设计。

尖状齿圈凸出在齿圈压板的端面，在模具安装与搬运中容易碰伤，试模时开空车也容易碰坏齿圈，为了避免发生以上情况，必须设计护齿板保护齿圈。护齿板可设计在齿圈压板送料方向的两侧，与齿圈压板做成整体，即在齿圈压板上铣出两个凸台阶，也可以在齿圈压板上铆接两块护齿板，见图 4-49。护齿板的高度必须大于齿圈的高度，小于精冲材料的厚度，若大于精冲材料的厚度，就会使齿圈压板失去压料的作用，达不到精冲零件的要求。当凹模上也有齿圈时，护齿板的高度必须大于两齿高之和。

图 4-49 中齿高 h、护齿板高 H 及材料厚度 t 的尺寸关系为 $h<H<t$。

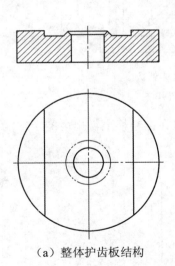

（a）整体护齿板结构　　　　　　　　　（b）铆接护齿板结构

图 4-49　护齿板结构

齿圈压板是凸模的导向体，在精冲过程中做相对运动，齿圈压板的型孔深度与凸模的工作长度必须结合起来进行设计，保证它们之间有适当的活动距离。

凸模刃口截面细长，为了保证它的强度，必须缩短工作部分长度，后部加大截面尺寸，则齿圈压板型孔后部也必须相应扩大，以保证它们的活动距离。扩大的孔必须大于凸模后部的截面尺寸，当凸模有内凹的狭长槽时，相对的齿圈压板就有凸出的狭长悬臂，这时必须考虑悬臂的强度，因此后部就不能扩孔，只能加长凸模的工作部分长度，以保证活动量，见图 4-50。

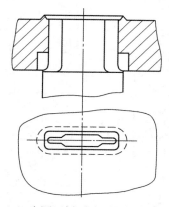 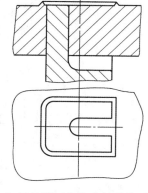

（a）齿圈压板型孔后部扩大孔形式　　　（b）加长凸模工作部分长度的形式

图 4-50　齿圈压板与凸模相关结构

　　齿圈压板上凸出的悬臂虽然面积较大，但悬臂过长时，因它上面有齿圈，精冲过程中受力大，容易产生变形。它的变形会影响凸模的稳定性，造成凸、凹模间隙的不均匀，减少模具使用寿命，或者损坏模具。对这种情况，必须在齿圈压板悬臂的下部增加顶杆，支承它受到的压力，防止变形，见图 4-51。

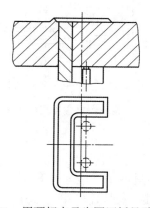

图 4-51　用顶杆支承齿圈压板悬臂结构

　　当齿圈压板型孔内出现的悬臂宽度小于精冲材料厚度两倍，而悬臂的长度为宽度的 6～10 倍时，悬臂的强度很差且很易折断，见图 4-52。因此这种悬臂不宜与齿圈压板做成整体，必须采取镶拼结构，见图 4-53。这种结构可将齿圈压板的型孔做成与凸模外形相配合的简单形状的方孔，将悬臂部分（件号 3）做成片状，使它在凸模 5 与齿圈压板 4 之间相配合，并通过凸模固定板及垫板，与凸模座内的顶板 2 接触，由顶杆 1 将它托着，在精冲过程中，它能随齿圈压板同步运动。这种结构能顺利地将精冲零件中小于材料厚度的狭长槽精冲成形，还能提高精冲模具的使用寿命。

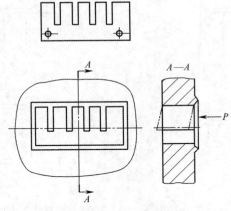

图 4-52　齿圈压板易折断的悬臂

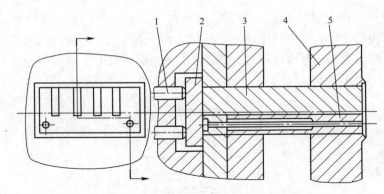

图 4-53　齿圈压板上狭长凸台的滚拼结构

4.7.4　导正钉设计

精冲跳步模是在一副模具里经过两个（或多个）工步，完成精冲零件的成型，为了保证精冲零件的精度，工步之间的距离应一致，误差很小。但要得到合格的精冲零件，除模具制造步距准确外，还必须保证材料送进的距离与工步距离一致。机床虽有送料机构，但精度不够，误差较大，故模具必须导正材料送进的距离。导正的方法就是在模具内增加工艺孔及导正钉，即在第一工步里，在材料宽度的两旁（精冲零件形状以外的地方）冲出两个工艺孔，并在以后的每个工步里，增加与工步距离一致的装导正钉的孔，利用导正钉导正材料送进的距离，这样才能保证送进材料的准确性，使每一工步能在正确的位置完成冲压工序，最后得到合格的精冲零件。

导正钉的尺寸应保证与材料上冲出的工艺孔的配合不能太紧（防止卡住材料或送料不灵活），又不能太松（以免产生工步间误差）。同时考虑到孔在冲出后略有收缩，导正钉直径应比冲孔凸模直径小 0.02mm。导正钉形状和固定方法见图 4-54。

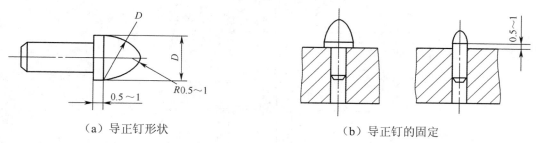

（a）导正钉形状　　　　　　　（b）导正钉的固定

图 4-54　导正钉形状及固定

4.7.5　排气系统设计

精冲模具是在较大的压力下精冲零件，因此切割区域内晶粒变形的瞬间要产生热量，在大量的连续生产中，温度会逐渐升高。凸模、凹模长时间处在高温下工作，会缩短其使用寿命。因此在模具结构设计时，必须采取有效措施，消除模具刃口产生的热量，延长模具的使用寿命。

同时，因精冲模的构件之间的配合比较精密，使用的润滑油很稠，模具在运动过程中，封闭的运动区域内的空气不易迅速排除，这就使因模具构件之间的摩擦而引起的热量不易随空气带走，由此还影响到推件板、顶料杆等零件的正常活动，降低了生产速度。因此在大量生产中的模具，必须考虑迅速排除空气的方法。

由于凹模底面和冲孔凸模固定板是紧密配合的，推件板后部形成封闭区域，在运动中无法排除空气。因此可将凹模底面开气槽，气槽宽 4~8mm，槽深 0.2~0.4mm，并在模板相应位置打一气孔，气孔直径为 5~8mm，见图 4-55（a），装配时必须注意凹模气槽对正模板上的气孔。

当凸模座与底座孔配合准确时，就在凸模座与齿圈压板之间形成封闭区域，凸模与推料杆之间也形成封闭区域。因此必须在齿圈压板下端面开气槽，凸模侧面与底座打出气孔，凸模上的气孔不应太大，1.5~3mm 即可，以免降低凸模强度，见图 4-55（b）。若凸模座与底座孔有较大间隙时，则只需在底座的底面由孔到边开一气槽就行了。

固定凸模式结构里，因凸模强度不允许在侧面打气孔时，可将推料杆磨去 0.2mm，并在凸模底面推料孔的下部加工出一圈气槽（以免推料杆转动而堵塞气孔），然后在凸模底面开一气槽，保证空气泄出，见图 4-56。

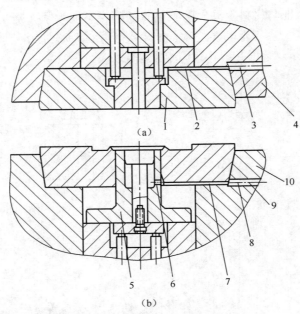

（a）

（b）

1—凹模；2—凹模气槽；3—模板气孔；4—模板；5—凸模；6—凸模气孔；

7—齿圈压板气植；8—底座气孔；9—齿圈压板；10—底座

图 4-55　气孔气槽位置图

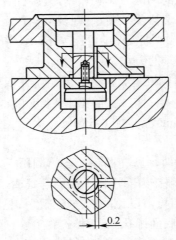

图 4-56　凸模与推料杆开气槽位置

4.7.6　精冲模具零件的配合要求

精冲模具零件之间的结构配合要求，应根据零件复杂程度及强度考虑，配合要求有所差异。但在一般情况下，大部分零件之间的配合要求是一致的，为了设计和制造的方便，将各类模具各部分的配合要求列于表 4-9。

表 4-9　精冲模具各部分的配合要求

模具结构	图形	说明
固定凸模式结构中，凸模与有关零件配合要求		凸模与齿圆压板为无松动滑配
活动凸模式结构中，活动凸模与有关零件的配合要求		1．凸模与齿圈压板为无松动滑配 2．凸模与齿圈压板无法径向定位，故加键定位 3．凸模存在强度薄弱部位，凸模座与模板要求二级滑配

模具结构	图形	说明
凹模、推件板与有关零件的配合		1. 推件板与凹模、冲孔凸模为无松动滑配 2. 推件板与凹模若无法径向定位，可加键定位
锥形凹模与模板的配合		定位销与凹模为无松动滑配
锥套与凹模、模板的配合		

模具结构	图形	说明
小导柱与凹模齿圈压板的配合	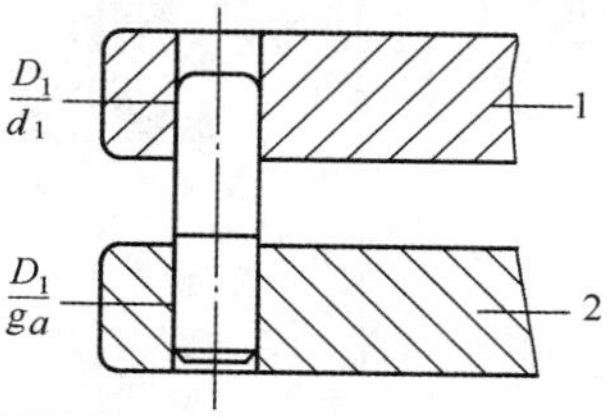	
锥套与镶拼凹模、模板的配合	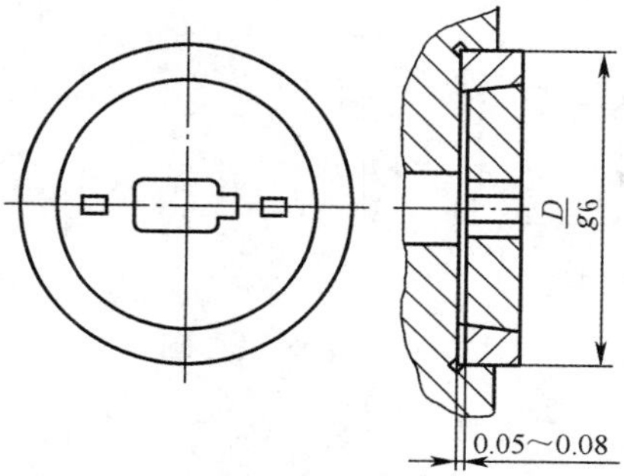	图中未表示镶拼凹模固紧的螺孔位置
凹模与镶拼件的配合	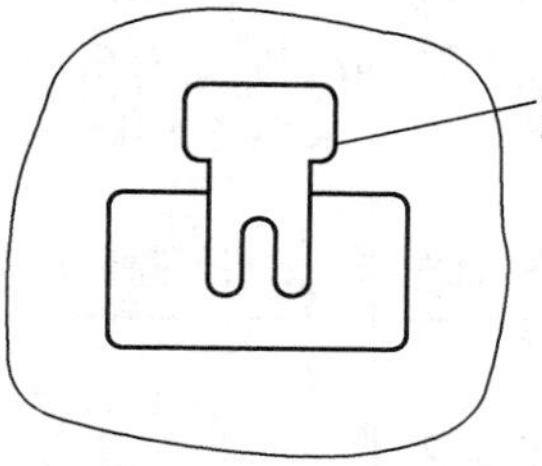	

4.7.7　顶杆负荷计算

顶杆是精冲模具里传递力作用的杆件，见图 4-57（a）。为了使模具受力均匀，避免出现偏载荷，应均匀布置在受力面的四周，并且具有足够的强度，保证力的传递，因此必须根据力的大小计算所需顶杆的直径。若受模具结构中位置的限制，不允许直径过大时，则可用数个直径较小的顶杆代替，以所有顶杆承受力之和来计算。计算时应考虑安全系数，即所能承受的力应大于所传递的力的 1.3～2.5 倍，为了提高顶杆的强度，必须进行淬硬处理。顶杆的负荷能力以下式计算，受力图见图 4-57（b）。

$$P = \frac{D^2 \times \pi}{4} \times q = 0.785 D^2 \cdot q$$

式中　P——顶杆的负荷力（N）；

　　　D——顶杆的直径（mm）；

　　　q——顶杆单位面积负荷力（N/mm²）。

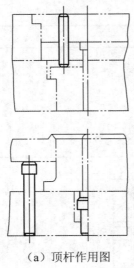

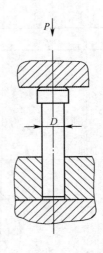

（a）顶杆作用图　　　　　　　　（b）顶杆受力图

图 4-57　顶杆受力图

q 可以用抗弯强度进行计算，但顶杆为淬硬的零件，必须按不同的硬度选取抗弯强度的值。例如有两种硬度的材料需进行计算，当顶杆材料为碳素工具钢，硬度为 43～47HRC 时，抗弯强度为 1320N/mm^2（以最低硬度值计算）；若顶杆硬度为 52～55HRC 时，抗弯强度为 1700N/mm^2（以最低硬度值计算）。现将不同直径的顶杆所能承受的压力列于表 4-10，供设计参考。

表 4-10　不同直径的顶杆所能承受的负荷力

顶杆直径（mm）	硬度		顶杆直径（mm）	硬度	
	HRC43	HRC52		HRC43	HRC52
	负荷力（公斤）			负荷力（公斤）	
4	1658	2135	14	20310	26156
5	2590	3335	16	26527	34163
6	3730	4804	18	33573	43238
8	6632	8541	20	41448	53380
10	10362	13345	22	50152	64590
12	14951	19217	24	59685	76867

4.7.8　精冲模具与精冲机的配用要求

精冲模具是安装在精冲机上使用的，因此模具结构必须符合精冲机的动作原理及安装尺寸，模具设计中选择精冲机时应考虑以下因素：

（1）精冲模具冲压零件所须的各种压力，必须在精冲机所能提供的压力范围内。

（2）模具最大尺寸必须能安装在机床工作台面。

（3）模具的闭合高度必须在机床允许的范围内。

符合以上条件的模具才能安装于机床上使用。设计模具时，必须按机床的安装定位尺寸要求设计模具的定位部分。

由于精冲零件的形状差异、厚薄不同、受力大小不一，为了给模具以最大的支承，机床的上、下工作台面中心配有淬硬的固定圈，固定圈的内孔装有传递压力的顶块。固定凸模式结构中，凸模内的推料杆及齿圈压板的顶杆位置、凹模内顶杆的位置都必须符合固定圈内的顶杆、顶块位置。当固定圈内顶杆、顶块的位置不适合，或是固定圈内孔太大，使模具的支承面过小时，可设计专用的固定圈。专用固定圈可根据模具的顶杆位置，在固定圈相对位置安装直径大于模具顶杆直径的顶杆，以保证力的传递，这可增加固定圈对模具的支承面，固定圈与模具可用两根定位销定位。固定凸模式结构的精冲模具与精冲机床的安装见图4-58。

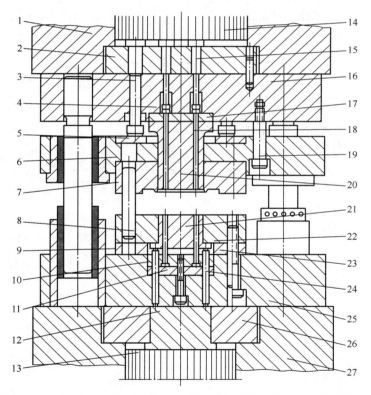

1—上工作台面；2—上固定圈；3、4—顶杆；5—垫板；6—活动模板；7—齿圈压板；8—小导柱；
9—冲孔凸模；10—固定板；11—垫板；12—顶块；13、14—活塞；15—顶杆；16—上托；17—垫板；
18—推料杆；19—螺钉；20—凸模；21—推料板；22—凹模；23—中垫板；24—顶杆；25—底座；
26—固定圈；27—下工作台面

图4-58　固定凸模式结构与机床的安装

活动凸模式结构精冲模具与机床的定位，是靠凸模座下端的凸台与机床台面固定圈内孔定位，并用机床上的拉杆拉紧凸模座（机床配有不同直径的拉杆，供使用时选择）。凸模座下端凸台的螺孔尺寸，应选择承受力大于卸料力的螺孔，以保证凸模座的稳定。活动凸模式结构精冲模具与机床的安装见图4-59。

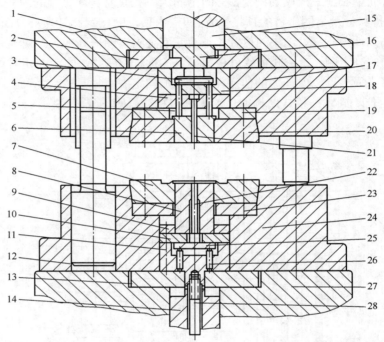

1—上工作台面；2—固定圈；3—顶块；4—固定板；5—顶杆；6—推件板；7—齿圈压板；8—凸模；
9—固定板；10—垫板；11—凸模座；12—固定圈；13—垫圈；14—滑块；15—活塞；16—压块；
17—上托；18—垫块；19—垫板；20—凹模；21—冲孔凸模；22—推料杆；23—垫板；24—底座；
25—顶板；26—顶杆；27—下工作台面；28—拉杆

图 4-59　活动凸模式结构与机床的安装

5

精冲零件质量及其影响因素

5.1 精冲零件质量影响因素

精冲零件的质量，主要指剪切面上光洁面的质量、表面粗糙度值的高低、零件尺寸精度、平直度和垂直度，以及毛刺和塌角等。实践证明，影响上述质量的因素主要有以下几点：

（1）模具结构设计和制造水平、剪切间隙、刃口小圆角半径、齿圈压板所选用的参数等。

（2）压力机滑块导向精度、床身刚性、剪切速度和连续工作的稳定性，以及各种辅助压力的调整等。

（3）精冲材料厚度、机械性能、金相组织、化学成分、压延方向、表面质量、搭边大小等。

（4）精冲零件本身结构形状和公差要求，生产过程中的润滑和冷却效果，取件方式和再加工手段等。

为了弄清上述诸因素相互之间对质量影响的关系，现将几个主要问题分析如下。

5.1.1 剪切面质量分析

剪切面上光洁切面的质量，是精冲零件质量高低的主要标志之一。在正常情况下，光洁切面应占料厚的 90° 以上，即剪切面上在靠近落料凸模一侧，允许有少于 10%料厚的撕裂带，为此必须了解剪切过程中影响撕裂的主要原因。

1. 剪切间隙的影响

间隙对剪切面质量的影响很大，是起主导作用的因素。在普通冲裁剪切过程中，间隙越大，拉伸应力越大，撕裂现象也越严重。若采用小间隙剪切，则会出现二次光洁切面。间隙越小，中间撕裂面也越小。精冲的目的是消除撕裂面，它不仅是依靠推迟裂纹发生期获得光洁切面，而且要巧妙地利用两次光洁切面相接合的方法。若单从这个观点出发，应尽可能地缩小剪切间隙。但是间隙越小，模具制造难度越大。为方便模具制造以及提高模具使用寿命，把精冲零件剪切面的光洁切面确定为料厚的 90%，并以此来考虑精冲间隙是比较经济的。因为一般精冲零件上有 10%料厚的撕裂面，是不会影响实际使用性能的。

图 5-1（a）是对含碳量为 0.23%的钢板（t=3.3mm）施加不同的辅助压力，改变间隙大小对剪切面影响的试验曲线。

图 5-1（b）是对含碳量为 0.48%的钢板（t=2.9mm）试验曲线。

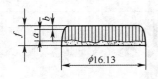 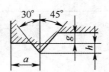

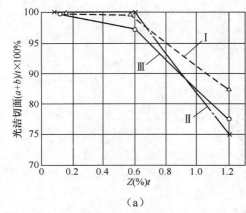 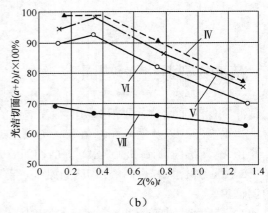

（a）　　　　　　　　　　　　　　　　　　（b）

$I-a$=3.2，$P_{齿}$=4，$P_{推}$=5.6；　$II-a$=4.1，$P_{齿}$=2，$P_{推}$=5.6；　$III-a$=3.2，$P_{齿}$=2，$P_{推}$=5.6；

$IV-a$=4.1，$P_{齿}$=8，$P_{推}$=5.6；　$V-a$=4.1，$P_{齿}$=4，$P_{推}$=5.6；　$VI-a$=4.1，$P_{齿}$=8，$P_{推}$=0；

$VII-$无齿圈，$P_{齿}$=0，$P_{推}$=0

图 5-1　间隙对剪切面的影响

试验曲线图中，有关符号的含义、尺寸及单位列出如下：

t ——材料厚度（mm）；

d ——圆形凹模孔直径，φ16.130（mm）；

Z ——剪切间隙（mm）；

a ——齿圈的齿尖与型孔边距（mm）；

h ——齿尖内侧高度，h=1.1（mm）；

g ——齿尖外侧与内侧高度之差，g=0.4（mm）；

$P_{齿}$ ——压齿力（t）；

$P_{推}$ ——推板反压力（t）。

2. 齿圈压板压力的影响

齿圈压板压力的作用是防止剪切时条料产生弯曲。如果没有压板或者压板力很小，那么在剪切过程中由于弯矩的作用力，会使条料弹起而引起撕裂。

条料在剪切时，被压板压紧在凹模面上，阻止材料的流动，尖形齿圈嵌入材料，使剪切区域的材料受到挤压力的作用，故相应提高了剪切区的压应力。为精冲在三向受压状态下进行塑剪创造了条件，以便获得更多的光洁切面。

齿圈压板力的大小取决于加工条件，过小不起作用；过大会使料厚减薄，增大凹模载荷，甚至会压坏模具。因此要合理选择齿圈压板力。

如图 5-2 所示，是在 $P_推 = 5.6t$ 时，变化 a 值后，齿圈压板压力由小到大，对剪切面上产生光洁切面长度变化的影响试验曲线图。图 5-2（a）为含碳量 0.23% 的钢板，$t=3.2mm$，$z=0.6\%t$ 试验条件时的曲线，图 5-2（b）为含碳量 0.48% 的钢板，$t=2.9mm$，$z=0.1t$ 试验条件时的曲线。

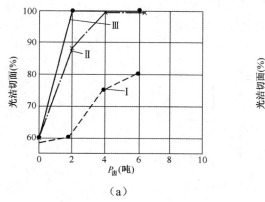 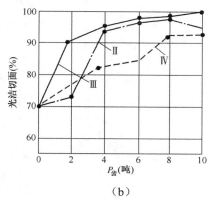

Ⅰ—a=0.6；Ⅱ—a=2.4；Ⅲ—a=4.1；Ⅳ—a=7.6

图 5-2　齿圈压板压力对剪切面影响曲线

3. 推件板反压力的影响

推件板与凸模一起上下压紧材料，与齿圈压板力相互配合，使剪切变形区产生三向受压应力状态。

如图 5-3 所示，是 $P_推$ 与 $P_齿$ 相互作用后，影响剪切面质量的试验曲线。试验条件为含碳量 0.48% 的钢板，$t=2.9mm$，$z=0.1\%t$。

由图 5-3 可以看出，当 $P_齿 = 0$ 或 $P_齿 = 8$ 时，增加推板反压力对提高剪切面的影响不十分显著；但当 $P_齿$ 力合适时，随着 $P_推$ 的增大，光洁切面的百分比也相应有所增加。

$P_推$ 力能阻止条料在凸模力的作用下产生弯曲变形，减少拉伸应力。

由图 5-4 可知，凹模周边产生的裂纹是由凹模刃口发生的。为了提高凹模一侧条料的压应力，在推板上做齿圈效果较好，但在零件平面上留有齿痕，影响外观和使用性能。故多数情况下推件板上不做齿圈。

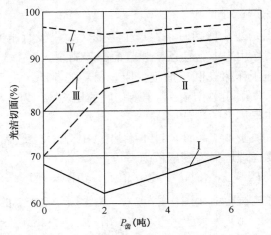

$\mathrm{I} - P_{齿} = 0$ ；$\mathrm{II} - P_{齿} = 2$ ；$\mathrm{III} - P_{齿} = 4$ ；$\mathrm{IV} - P_{齿} = 8$

图 5-3　推件板反压力的影响

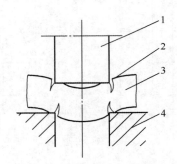

1—凸模；2—裂纹；3—条料；4—凹模

图 5-4　普通冲裁裂纹发生情况

采用复合精冲时，$P_{推}$ 对内孔剪切面作用较大。由于孔壁撕裂受凸模刃口处发生裂纹的影响，落料时起作用的弯应力给孔区增加压缩应力，因此内孔裂纹要比外廓裂纹迟后发生。如果再施加推件板的反压力，压缩应力就更大，故内孔剪切面质量要比外形容易保证。因此精冲内孔间隙允许比冲外形间隙大。

当孔的直径与料厚的比值较大时，孔壁剪切面上有撕裂现象，可在与冲孔凸模相对的推料杆上做齿圈，把齿痕留在孔的废料上。

4. 齿圈的影响

在精冲技术的实际应用中，尖形齿圈是最普遍的齿形，如图 5-5 所示。精冲时为提高金属在剪切区的静压力，虽然方法较多（如在压板面上做成 178°30′的锥面，或者加工成小凸阶压紧面等），但都不如做成尖齿圈嵌入条料效果好。所以用它来分析影响剪切面质量问题，是有一定代表性的。

尖齿形齿圈，用得较多的是内角 $\alpha = 30°$，外角 $\delta = 45°$。有时为了增加齿的强度，也有用 $\delta = 60°$ 的。为方便用电火花腐蚀加工齿圈，经常应用内、外角均为 45° 的齿形。

根据有关文献的理论推导，当压齿力为定值时，$\alpha = 45°$ 是增加剪切变形区静水压的最佳值。

齿圈的内外两侧不是同时接触条料，而是存在着 g 的距离。关于尖齿形中 a、h、g 三者的关系，由于工作条件不同，实验数据存在差异，特别是对厚料的精冲仍有不同争议的。在实际应用中，经验数据起较大作用，在个别情况下，甚至需要通过试模来修正齿圈参数。

一般选用的 g 值都比较小，不超过 0.1mm。当齿圈内、外侧都接触到条料，不一定要增加多少压力。如果 g 值过大，压齿力增高，齿圈会过多嵌入条料，影响剪切区的金属变形。

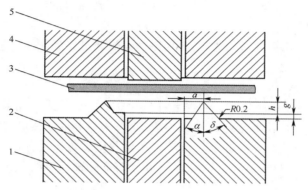

1—齿圈压板；2—凸模；3—条料；4—凹模；5—推件板

图 5-5　齿圈压板的齿形

a 和 h 随料厚 t 增加而增大。a 值过大不起作用，a 值过小，会使剪切面的质量急剧恶化。a 值太小，齿圈过于靠近凹模刃边，当齿嵌入材料时，产生弯曲力矩，如图 5-6 所示。这种弯矩使条料靠凸模一侧的压缩应力重叠，因此凸模侧的断裂被抑制，而条料在凹模一侧则是拉伸应力重叠，因而降低了凹模刃口附近的压缩力，提前产生裂纹，以致剪切面上出现撕裂。

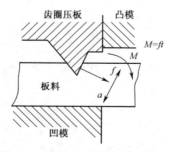

图 5-6　齿圈压入材料引起的弯矩

由于精冲零件外形剪切面上的裂纹是从凹模刃口那边产生的，因此在凹模形孔周边做齿圈，要比在压板上做齿圈对提高压应力、消除撕裂面效果更好。然而在凹模上做齿圈，给重磨刃口带来困难，故一般都把齿圈做在压板上，这对精冲 4mm 以下的料厚是可行的。但对超过此厚度的零件，以及外形轮廓难以冲光的部位（如齿轮的齿廓部分），就必须在凹模上做出相对应的齿圈。

根据实验结果，齿圈位置最佳值为 $a =$（$0.8 \sim 1.5$）t，但在实际应用中，为减少搭边，提高材料的利用率，通常取 $a < 0.8t$。在多数情况下，这个数值是可行的。

5. 搭边的影响

由于齿圈要压入材料，故精冲的搭边要比普通冲裁的大，造成材料利用率低。这是精冲的一个缺点。搭边过小，剪切面上会产生撕裂。其原因是在封闭剪切时，冲件外廓周围的搭边将受到约束，搭边过小，受约束的范围就小，不足以保持自身的压应力，这样就把齿圈压板力和推件板反压力产生的压应力外泄，增大了拉伸应力。

根据生产实践，通常搭边值约为 2 倍料厚时效果较好。当凹模上也做出齿圈时，搭边则可适当取小一些。

6. 刃口圆角的影响

在精冲间隙正常的情况下，根据料厚和零件形状，将模具刃口加工成微小刃口圆角半径，因为小圆角能缓和模具刃口处的应力集中，增加挤应力，有助于提高剪切面质量。

在实际生产中，如果其他精冲条件正常，那么刃口圆角只要有较小的变化，就能有明显效果，如图 5-7（a）、（b）所示。它是用 $t = 3.3mm$ 的低碳钢做试验曲线。

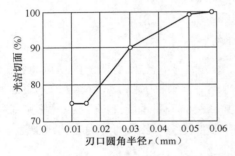

（a）改变圆角 r 提高光洁切面的试验曲线　　（b）用逐步增大圆角 r，改善剪切面质量的照片

图 5-7　刃口圆角半径对剪切面的影响

圆角半径过小或过大都不行，因为它与其他精冲条件相互影响。当剪切间隙太大时，即使刃口圆角再大，也不能消除撕裂。

刃口圆角半径过大，剪切时挤应力也随之增大，使变形区温度急剧增高，在凹模硬度和粗糙度、冷却和润滑条件欠佳时，极易出现金属瘤粘接刃口现象，拉毛光洁切面。此外由于圆角的增大，还会降低精冲零件的其他质量指标，如塌角、毛刺、剪切面锥度、平直度等都会受到影响。所以要合理控制刃口圆角半径的大小。

精冲的落料凸模刃口上带有圆角是有害的，因为凸模刃口上增加圆角后，实际上加大了剪切间隙，容易产生撕裂面，会增加精冲零件外廓上的毛刺。

图 5-8 是用 t=3.3mm 的低碳钢进行试验所得的曲线。由图 5-8 可以看出，落料凸模应该是锋利的直角。然而在实际生产中，凸模刃口很容易磨损成圆角，故必须经常修磨刃口，由于它比凹模重磨次数多，故精冲凸模使用寿命低于凹模。

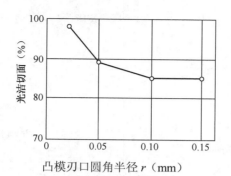

图 5-8　落料凸模圆角对剪切面的影响

精冲内形孔的情况正好相反，即冲孔凸模刃口要带有微小圆角半径，有利于孔壁形成光洁切面，并将毛刺留在孔的废料上。而冲孔的凹模刃口应该是锋利的直角，以防止精冲零件在内形孔边缘产生毛刺。

7. 剪切速度的影响

通过实验证明，加快剪切速度虽能提高金属塑性变形，有利于形成光洁切面，但是这样也会增加模具的磨损，迅速降低使用寿命，并引起有害的机械振动，影响剪切面的质量。因此目前在生产中使用的精冲专用设备，剪切时的速度都比较慢，一般控制在 5～30mm/s 可调范围内。

为什么剪切速度高了会增加模具刃口磨损呢？这要从剪切功与剪切速度来分析。在剪切过程中，剪切力所做的功化为热能，热能大部分是在晶粒变形的剪切区内产生。图 5-9 表示在普通冲裁时的剪切力和精冲时的剪切力与凸模行程之间的关系曲线。

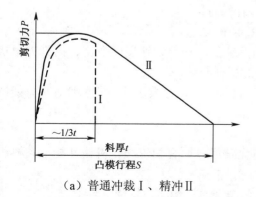

（a）普通冲裁Ⅰ、精冲Ⅱ　　　　　　　（b）实测曲线

图 5-9　剪切力与凸模行程的关系

曲线与横坐标之间的面积为剪切所做的功。由图可知，精冲的剪切功约为普通冲裁的两倍，故产生的热能也约为两倍。

由图 5-9 可得剪切功关系式为：

$$W \approx \frac{1}{2}P_{大}t \approx \frac{1}{2}lt^2\sigma_\tau \qquad (5\text{-}1)$$

式中　W——剪切功（m·kg）；

　　　$P_{大}$——最大剪切力（kg）；

　　　t——材料厚度（m）；

　　　l——精冲零件的周长（m）；

　　　σ_τ——材料的抗剪强度（kg/m²）。

和剪切功相当的热量为

$$Q = AW = \frac{1}{2}Alt^2\sigma_\tau \qquad (5\text{-}2)$$

式中　Q——热量（kCal）；

　　　A——热功当量（1/427kCal/m·kg）。

当剪切速度很快时，产生的热能就聚积在剪切变形区内。此时，温度升高为

$$\Delta t = \frac{Q}{V\gamma c} = \frac{Alt^2\sigma_\tau}{2ltb\gamma c} = \frac{t}{b}\cdot\frac{A\sigma_\tau}{2\gamma c} \qquad (5\text{-}3)$$

式中　Δt——温度升高（℃）；

　　　V——变形区体积（m³）；

　　　γ——比重（kg/m³）；

　　　c——比热（千卡/kg·℃）；

　　　b——剪切条料的深度（m）。

　　例　若已知精冲零件的料厚 $t = 4$ mm，抗剪强度 $\sigma_\tau = 30$kg/mm²，剪切深度 $b = 0.5$ mm。由公式（5-3）求 Δt。

$$\Delta t = \frac{4\times10^{-3}\times30\times10^6}{5\times10^{-4}\times2\times427\times7.85\times10^3\times0.11} \approx 325\ ℃$$

这是理论上的计算，实际情况的变化是相当复杂的。如剪切速度的变化、模具刃口状况以及生产技术条件的变化等，都要影响到剪切区的温度变化。

由图 5-9 可知，大部分热量产生在前半段剪切过程中，因此放慢这一段剪切速度，能够显著提高模具刃口的寿命，较长久地稳定剪切面的质量。

8. 材料的影响

金属材料影响精冲剪切面质量的主要因素有化学成分、金相组织、机械性能、条料压延纹向以及原材料的表面状况等。

总的情况是含碳量越多强度越高，片状珠光体越多对剪切面质量影响越大。

精冲时，即使在剪切间隙都很均匀的情况下，如果金属条料（或卷料）存在各向异性，精冲零件四周剪切面上的光洁切面也不可能均匀，而是与压延纹向平行的剪切面上容易产生撕裂。其原因是材料流动方向与金属纤维相垂直时塑性较差，这与在拉伸和弯曲以及其他变形中所看到的现象一致。

选用精冲原材料时，要求表面光滑干净。否则也会对剪切面质量产生一定影响。

5.1.2　粗糙度分析

精冲零件的粗糙度含义，是指整个剪切面上除去塌角和毛刺的部分，即光洁切面上的粗糙度值。至于撕裂面，那属于剪切面上的质量问题，应该从概念上分开。

对光洁切面上粗糙度的鉴别，应该排除光洁切面上的各种缺陷，如擦伤、划痕、夹层和裂纹等。

影响粗糙度 R_a 的主要因素如下：

模具刃口部分的硬度和光洁度越高，则光洁切面上的粗糙度值 R_a 相应降低。用电火花线切割加工的模具，刃口面上留下条纹状痕迹，应该研磨抛光，消除条痕。否则在精冲零件的光洁切面上会产生条纹，增大粗糙度值 R_a。

实验证明，零件剪切面的粗糙度值 R_a 高于凹模孔壁粗糙度值。用油石精磨刃口圆角比粗磨效果好，若进一步抛光成很光滑的小圆角，光洁度便更有改善。在加工模具刃口圆角时，要注意均匀性，不能留有缺陷，否则会在光洁切面产生痕迹，增大粗糙度值 R_a。

如果精冲的材料厚、强度高，零件剪切面的粗糙度 R_a 值也有所增大。如果精冲原材料本身存在皱皮、盘痕、杂质、气泡、擦伤、裂缝、缩孔、分层和其他机械性质的损伤，以及表面有锈斑、氧化层和各种非金属杂质，如砂粒状污物等，都会影响光洁切面的粗糙度。

另外，模具润滑和冷却效果不好，摩擦力增大，也会影响粗糙度 R_a（增高）。

在正常生产条件下，增大压齿力和推件板反压力，对降低粗糙度 R_a 的作用不显著。

在精冲模具使用良好的情况下，零件生产数量对光洁切面上的粗糙度影响不大，如图 5-10 所示。

在精冲条件最佳的生产情况下，模具的刃口经过特殊处理，在光洁切面上可以获得超精冲粗糙度。

5.1.3　尺寸精度分析

普通冲裁零件的落料外形尺寸，一般都大于凹模尺寸，而且剪切呈锥形，其塌角面尺寸大于毛刺面。内形尺寸小于冲孔凸模，其塌角面的孔径小于毛刺面，如图 5-11（a）所示。

精冲的零件则不一样，由于凸模与凹模的间隙很小，剪切机理不同，因此落料外形尺寸要小于凹模尺寸，一般收缩 0.005～0.015mm，个别情况还要大一些。所以绝大部分精冲零件均能用手推进凹模型孔。

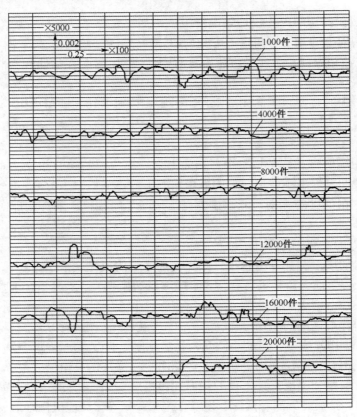

图 5-10　生产 2 万件 R_a 变化情况

　　精冲零件的剪切面并不是理想的垂直面，而是呈微小的锥形截面，这种锥形在相对应的各面也不完全相同。零件的外形在靠近凹模一侧的塌角面尺寸小，在靠近凸模一侧的毛刺面尺寸大，如图 5-11（b）所示。

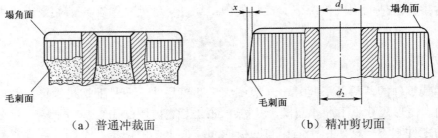

（a）普通冲裁面　　　　　　　　　　　（b）精冲剪切面

图 5-11　剪切面特征

　　精冲零件的内形剪切面特别是圆孔，大部分呈圆柱形，上下尺寸相差很小。故精冲内孔尺寸精度要高于落料外形尺寸。对于厚料冲孔，塌角面的孔径要略大于毛刺面。

在实际生产中，影响尺寸精度的因素较多。在模具方面，有结构设计、制造精度，以及模具在受力状态下工作部分的变形等。在材料方面，有厚度、强度、条料挠度、纹向、加工应力等。此外还有压料力大小、工艺排样、润滑情况，以及零件几何形状和精冲设备连续工作稳定性等因素。

对于尺寸精度要求较高的零件，在确定模具工作部分尺寸和制造公差时，要考虑它的磨损公差。凸、凹模在受力状态下由于弹性变形而产生的尺寸变化，以及冲件本身的弹性变形，特别是非对称零件剪切应力产生的变形。此外剪切面的倾斜偏差也不能忽视。

精冲后需要进行热处理的零件，要考虑热处理后的尺寸变化，相应地增大或减小有关尺寸，以保证零件最后尺寸的精度。

凡是外形尺寸精度要求在 GB 3 级以上时，精冲尺寸变化规律一般不易控制，需视实际情况由经验判断，或者通过试模时准确记录有关数据修正模具实际尺寸，并在生产过程中定时注意检查尺寸变化，及时维修模具。

在一般情况下，精冲的精度为：薄的材料比厚的材料高；低强度的材料比高强度的高；平直条料比挠度大的高；内应力小的比应力大的部位高等。

此外，精冲零件的结构形状对尺寸精度影响也很关键。如图 5-12（a）所示，零件上有长形缺口时，由于受力条件差，剪切应力不均，在开口部位易发生张嘴变形。当孔壁与外廓之间的壁厚过小，在圆孔薄弱部位会变成椭圆，如图 5-12（b）所示。

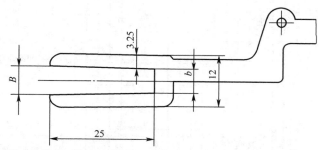

（a）精冲长缺口，材料 T8A，$t = 2$（mm），$B-b$=0.05～0.07（mm）

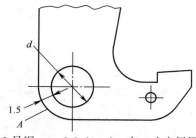

（b）精冲薄弱位置，材料 10 号钢，$t = 2.5$（mm），在 A 方向椭圆尺寸为 0.003～0.006（mm）

图 5-12　零件几何形状对尺寸影响示例

　　精冲零件在生产过程中，并不是只有当模具工作部分磨损后，尺寸才会发生变化。实际上在批量生产中，由于各种因素的综合影响，使精冲零件内、外形尺寸经常不断地变化。这种变化是一个不规则的波动曲线，尽管波动值并不大。对尺寸精度要求不高的零件，甚至可以忽略不计。但是对于 GB3 级精度以上的尺寸，这种波动值影响还是相当大的。如图 5-13 和图 5-14 实测曲线所示。

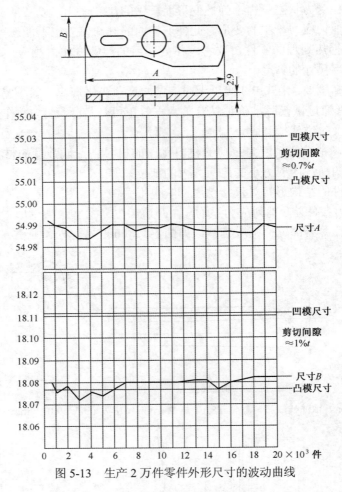

图 5-13　生产 2 万件零件外形尺寸的波动曲线

　　图 5-13 曲线是实测外形尺寸 A 和 B 的波动情况。图 5-14 曲线是实测内形尺寸 d 和 c 的波动情况。精冲零件的材料为冷轧钢板 SPC-1，厚度 t =2.9mm，$P_{齿}$ =10t，$P_{推}$ =4t。

　　图中横坐标表示每精冲 1000 件后，实测 5 件的平均值。纵坐标表示凸、凹模和零件实测尺寸。

　　图 5-15 是精冲锁闩零件内、外形尺寸实际波动曲线，材料为冷轧 10 号钢板，厚度为 2.5mm。每精冲 100 件，实测 2 件取平均值。

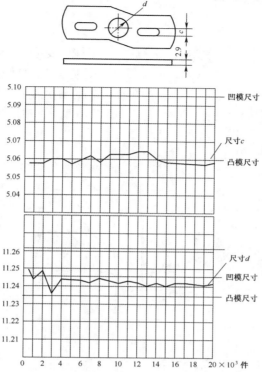

图 5-14　生产 2 万件零件内形尺寸的波动曲线

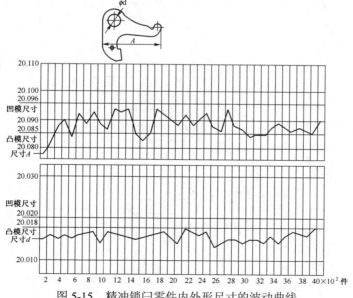

图 5-15　精冲锁闩零件内外形尺寸的波动曲线

5.1.4 垂直度分析

精冲零件的剪切面存在一定的斜度，它与零件平面相互之间不垂直。为方便测量起见，光洁切面的垂直度很少用角度偏差值表示，而是用垂直度偏差（或称倾斜度偏差）X 和 Y 表示。

严格地说，精冲零件的剪切面在各个部位的垂直度偏差都不相等。因相差不大，故一般测量计算时加以简化，看成对应边彼此相等，如图 5-16 所示。则

外形轮廓垂直度偏差，用 $X = (A - A_1)/2$ 表示；

内形轮廓垂直度偏差，用 $Y = (D - D_1)/2$ 表示。

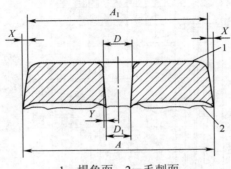

1—塌角面；2—毛刺面

图 5-16　垂直度偏差

精冲零件剪切面产生垂直度偏差的机理，可用图 5-17 解释。图 5-17 表示当凸模切入条料一定深度 H 时的变形情况。A 点表示凸模刃口，B 点表示凹模刃口，z 表示剪切间隙。

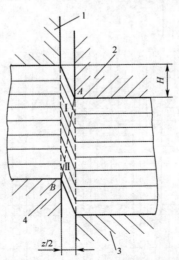

1—齿圈压板；2—凸模；3—推件板；4—凹模

图 5-17　精冲变形过程

当精冲继续进行，塑性变形将在缩短了的 AB 为对角线的矩形中进行。凸、凹模刃口连线 AB 始终将变形区分成 I、II 两个区间。在剪切过程中，I 区的材料将随着凸模逐渐转移到条料上，II 区间的材料将随着凹模逐渐转移到零件上，故凸模侧尺寸大，凹模侧尺寸小，形成垂直度偏差。

影响垂直度的因素较多，如加工方法、材料机械性能和厚度、零件几何形状、模具刃口圆角半径以及压力的大小等。

用含碳量 0.15% 的冷轧钢板，厚度 $t = 3.5\,\text{mm}$，抗拉强度 $\sigma_b = 400\,\text{N/mm}^2$，采用不同的加工方法试冲同一种零件，其垂直度偏差值实测结果，如表 5-1 所示。

表 5-1　不同的加工方法试冲结果实测值

加工方法	垂直度偏差值 X（mm）
普通冲裁	0.120～0.230
落料后修边	0.002～0.008
不用齿圈精冲	0.008～0.016
单面齿圈精冲	0.006～0.014
双面齿圈精冲	0.001～0.005

图 5-18（a）和（b）是在逐步增大压齿力的情况下，对五种材料在零件直线面和尖角面实测垂直度偏差 X 的变化曲线。图中（a）为直线 A 位置垂直度偏差，（b）为 90° 直角 B 位置垂直度偏差。

试验条件：$t = 2$；$a = 1.8$；$h = 0.45$；$g = 0.05$；$\alpha = \delta = 40°$；$P_{\text{推}} = 10\%P_{\text{大}}$。

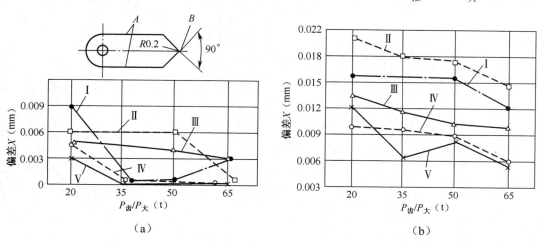

I —不锈钢；II —磷青铜；III —冷轧钢板；IV —铝合金；V —电磁软铁

图 5-18　不同材料在零件不同部位的垂直度偏差试验曲线

凹模刃口圆角半径的大小，对垂直度偏差 X 值的影响，如图 5-19 所示。

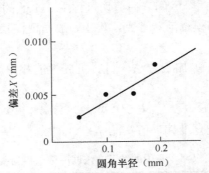

图 5-19　凹模刃口圆角半径对垂直度的影响

图 5-20 表示精冲零件锁闩，在生产 2000 件过程中（每 100 件实测 3 件取平均值）垂直度偏差值 X 的变化曲线。

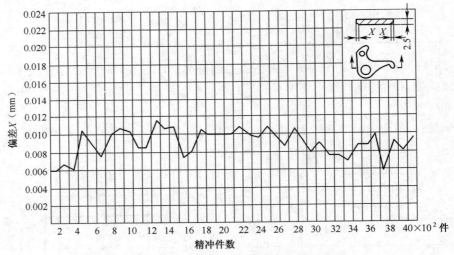

图 5-20　精冲锁闩时的垂直度偏差变化曲线

该零件的材料为 2.5mm 厚的冷轧 10 号钢板，采用单面齿圈精冲，剪切间隙 $z=0.4\% t$；齿圈参数为：$a=2$；$h=0.75$；$g=0.05$；$\alpha=30°$；$\delta=45°$；$P_{齿}=30\% P_{大}$；$P_{推}=10\% P_{大}$。

由图 5-20 可以看出，X 偏差值也是一个不规则的波动曲线。在上述条件下生产，其波动范围约 0.005mm。

5.1.5　平面度分析

精冲零件的平面度，指零件上、下平面的弯曲挠度，其大小用 e 表示，$e=h-t$，如图 5-21 所示。

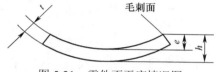

图 5-21　零件不平度情况图

精冲时，凸模下面的材料受到推件板反压力的作用，使其弯曲受到限制。因此精冲零件的平面度误差要比普通冲裁件小得多，但是不能完全避免不产生弯曲。这主要是由于条料在弯曲力矩的作用下，当外界作用力消失后，金属内部残余应力的作用，特别是精冲高强度的薄条料，此作用尤其显著。因此精冲零件一般都存在一定程度的弯曲挠度，其特点是塌角面拱起，毛刺面凹进。当零件几何形状很不规则时，局部平面度误差比较严重。

影响零件平面度的因素较多，主要有材料厚度和强度，以及原材料状况和内应力大小等。精冲厚料和低强度软料，比精冲薄料和高强度硬料平面度的误差小。

实践证明，推件板反压力越大，弯曲挠度越小，零件平面也越平直。但增大齿圈压板力对降低弯曲挠度不显著。如果齿尖离凹模刃口过近，反而会增大弯曲挠度。

此外在生产过程中，条料表面涂润滑油过多，模具排油、排气不畅，推件板作用力不平衡，条料有弧形弯曲，以及零件上同时存在压印、打标记或压弯等附加应力时，会增加零件的平面度误差。

如果对原材料在精冲前进行适当的校平，一般精冲零件在使用时，可以不必再增加校平工序。如图 5-22 所示的零件，在整个平面上的最大弯曲挠度 $e < 0.05\,\text{mm}$。

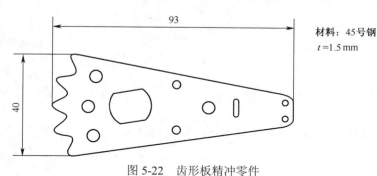

材料：45号钢
$t = 1.5\,\text{mm}$

图 5-22　齿形板精冲零件

5.1.6　塌角分析

精冲零件内、外形轮廓对塌角的影响，分析如下：

当零件的剪切轮廓线呈尖角状态时，则角部的塌角深度 $i \approx 20\% t$，如图 5-23（a）所示。

当零件的剪切轮廓线是直的或者稍许向外弯折，则该部分的塌角深度 $i < 10\% t$，如图 5-23（b）所示。

当零件的外廓剪切线呈尖角向内弯折，或者是内轮廓的剪切线呈尖角状向外弯折，则尖角处的塌角深度极小，$i \approx 0$，如图 5-23（c）所示。

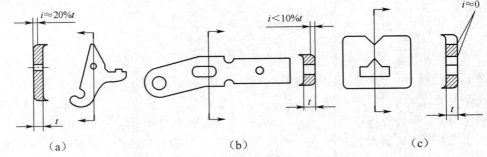

图 5-23　零件几何形状对塌角的影响图

当零件的剪切线是很小的尖角形，或者齿宽明显小于料厚的齿，在剪切这些极端不利的轮廓时，塌角深度会增加到 $i = (25\% \sim 30\%)t$，如图 5-24（a）和（b）所示。

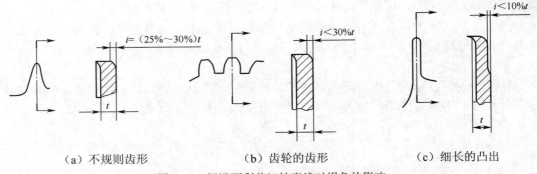

（a）不规则齿形　　　　　　（b）齿轮的齿形　　　　　　（c）细长的凸出

图 5-24　极端不利剪切轮廓线对塌角的影响

当零件上有窄长的很突出的悬臂时，则该部位会出现料厚减薄现象，其变薄量约为 1/10 料厚。

图 5-25 表示精冲零件剪切线转弯角度 θ、圆角半径 r 对塌角影响的试验曲线。

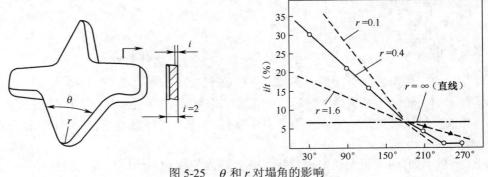

图 5-25　θ 和 r 对塌角的影响

图 5-26（a）表示齿圈压板压力 $P_{齿}$ 对塌角影响的实验曲线，由图可知 $P_{齿}$ 加大时，塌角有减小趋势。但大到一定程度，塌角减小效果就不大明显。

图 5-26（b）表示齿圈压板上齿圈位置对塌角影响的实验曲线，由图可知塌角随齿尖与凹模型孔距离的增大而加大。

图 5-26 的试验条件为精冲含碳量 0.23% 的钢板，厚度为 3.3mm，零件直径 $\varphi16.13$mm，齿圈参数为 $a=4.1$（图 9-28（a））；$h=1.1$；$g=0.4$；$P_{齿}=6$t。

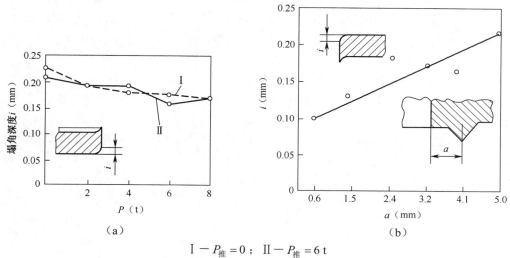

Ⅰ － $P_{推}=0$；Ⅱ － $P_{推}=6$ t

图 5-26 压板力 $P_{齿}$ 和齿尖位置对塌角的影响

精冲高强度的硬料，其塌角要小于低强度软料，精冲薄材料的塌角小于厚料。表 5-2 是精冲照相机用的小模数齿轮实测齿顶塌角的情况。该零件的外径为 $\varphi20.8_{-0.02}$ mm，模数 $m=0.4$ mm，齿数 50 齿。

表 5-2 精冲小模数齿轮实测齿顶塌角数据

材料	厚度（mm）	塌角占料存的百分比
铝 LY11	0.9	24%
软黄铜	0.5	28%
硬黄铜	1.0	20%
20 号钢	1.2	25%
45 号钢	1.2	23%
T8A	1.0	20%
T8A	0.4	17%

采用减小凹模刃口圆角半径和双面压齿的办法，也可以适当减小塌角。

精冲零件塌角的存在，减少了有效工作面，这是一个缺点。但在多数情况下，对零件的使用性能影响不大。如果有特殊需要，不允许有塌角时，可以适当加大料厚，再加一道去除塌角工序。

5.1.7 毛刺分析

精冲零件的毛刺是不可避免的，尽管在精冲条件十分良好的情况下，在最初剪切阶段能够冲出数百件，甚至上千件毛刺很小的零件。但是随着精冲次数的增加及模具刃口的严重磨损，毛刺的高度和厚度必然相应增加。这种毛刺由于冷作硬化的作用，使它变得非常坚硬，像锋利的刀刃一样，在人工去毛刺时，很容易划破手指，因此应尽量用专门装置去除毛刺。毛刺根部的厚毛刺比薄毛刺更难去除。

由于落料凸模的磨损比冲孔凹模磨损快，故精冲零件的外轮廓毛刺要比内轮廓毛刺大。

根据生产实际情况，模具在正常使用期限内，精冲厚材料毛刺的高度一般不超过 $0.2\sim0.3mm$，否则必须重磨刃口。

模具刃口磨损状况对毛刺的影响如图 5-27 所示。零件外轮廓毛刺高度随落料凸模的磨损增大而增高。

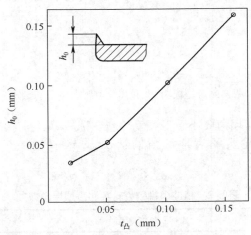

图 5-27 落料凸模刃口磨损对毛刺高度的影响

在精冲生产中，应严格控制凸模进入凹模的深度，一般不允许超过凹模刃口圆角半径，否则毛刺将随着凸模进入凹模深度的增加而增高。

此外，剪切间隙、剪切速度和材料机械性能等，也会影响精冲零件的毛刺。

5.1.8 精冲零件常见缺陷及主要消除方法

精冲零件在试模和生产过程中，常见的缺陷见表 5-3。

表 5-3　精冲零件常见的缺陷

剪切面状况	产生原因	清除方法
表面质量不佳	1. 材料不合适 2. 凹模工作部分表面粗糙，润滑油太少 3. 润滑剂不合适 4. 凹模刃口圆角半径太小	1. 退火或更换材料 2. 当凸、凹间隙和公差允许时，对凹模表面重新加工，并改善润滑方法 3. 改换润滑剂 4. 适当增大凹模刃口圆角半径
中间有断裂带	1. 齿圆压板压力太小 2. 凹模刃口圆角半径太小或不均匀 3. 材料不合适 4. 搭边或沿边距离太小 5. 齿圆的齿高度太小或距离过近 6. 零件转角半径小	1. 增大齿圈压板压力 2. 修正凹模刃口圆角半径 3. 退火处理或更换材料 4. 增大送料步距和条料宽度 5. 修正齿圈有关参数或双面压齿 6. 适当加大转角处凹模刃口圆角半径，或在该部位采用双面压齿
零件外形在靠近凸模侧有撕裂带	凸模与凹模之间的剪切间隙过大	重新制造凸模或凹模，缩小剪切间隙
光洁切面上呈现不正常锥形	1. 凹模刃口圆角半径太大 2. 凹模刃口部分有弹性变形	1. 重磨凹模刃口，减小圆角半径 2. 提高凹模刚性，或在凹模外锥增加预应力套
零件靠凸模侧有毛边并呈锥形	凸模与凹模之间的剪切空隙太小	适当增大剪切间隙（对特殊性质的材料，在间隙合适时，也可能出现一定程序的毛边）
剪切面呈波纹状有斜度并在凸模侧有毛边	1. 凹模刃口圆角半径太大 2. 剪切间隙太小	1. 重磨凹模刃口，减小圆角半径 2. 重新修正凸模或凹模，放大剪切间隙
剪切面上有波纹并带有撕裂	1. 凹模刃口圆角半径太大 2. 剪切间隙太大	1. 重磨凹模刃口，减小圆角半径 2. 重新制造新凸模或凹模
零件周边毛刺过大	1. 剪切间隙太小，落料凸模刃口变钝 2. 间隙合适，但凸模刃口磨损 3. 凸模过多进入凹模	1. 增大剪切间隙，重磨凸模刃口 2. 重新把凸模刃口磨锋利 3. 重新调整机床滑块位置

剪切面状况	产生原因	清除方法
零件一侧撕裂，另一侧有波纹状并带毛边 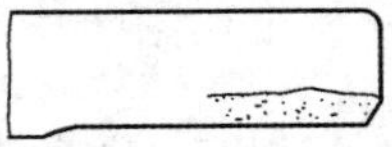	1. 凸模与凹模之间的剪切间不均匀偏向一边 2. 齿圆压极型孔与凸模配合缝隙大或不均匀 3. 齿圆压板受偏心载荷时产生位移	1. 重新调整凸、凹剪切间隙 2. 修正缝隙或更换齿圆压板 3. 提高齿圆压板受力时的稳定性
零件塌角过大 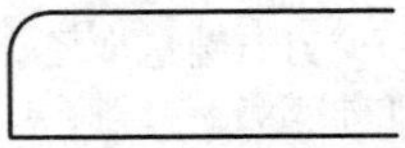	1. 凹模刃口圆角半径太大 2. 推件板反压力太小 3. 零件轮廓上尖角的过渡圆角较小	1. 重磨凹模刃口减小圆角半径 2. 增大推件板反压力 3. 采用双面压齿
零件不平靠近凹模侧拱起 	1. 推件板反压力太小 2. 条料涂油过多	1. 增大反压力 2. 齿圆上开溢油槽
零件沿长度方向弯曲 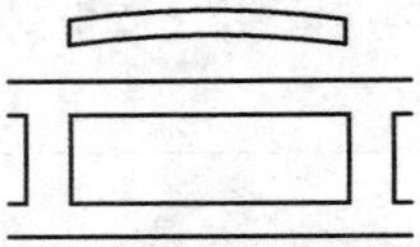	1. 原材料不平 2. 材料内部组织有应力存在	1. 增加校平工序 2. 退火处理
零件有扭曲现象 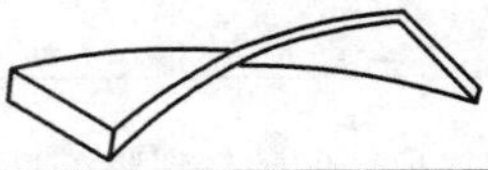	1. 材料内部张力或压延纹向不合适 2. 推件板推件时作用力不平衡	1. 改变零件工艺排样或将原材料消除应力处理 2. 检查推件板厚度、平行度以及一组顶杆的长度是否一致
零件被损坏	1. 零件在条料上被卡住，或被压入废料孔内 2. 喷射零件的压缩空气太多 3. 喷气嘴位置不合适 4. 导向销或模具其他零件造成精冲件损坏 5. 零件掉下来时相互碰坏	1. 调整机床送料装置和推件滞后时间 2. 减少喷气量和喷射时间 3. 重新调整位置 4. 拆下导向销或改进模具 5. 把零件吹进油中，或装一个橡皮软垫

5.2 精冲辅助工艺

精冲生产辅助工艺是指精冲生产过程中，根据具体情况处理好润滑、取件、排除废料、清理毛刺、以及模具维护和保管等技术问题。

5.2.1 润滑

（1）精冲过程中润滑剂的作用。

由于精冲改变了材料剪切区的受力状态，如图 5-28（a）所示，因此在剪切变形时，凸模与条料之间、零件与凹模之间会产生很高的摩擦应力，用显微镜看出这些摩擦表面都是粗糙不平的，如图 5-28（b）所示。

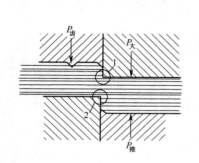

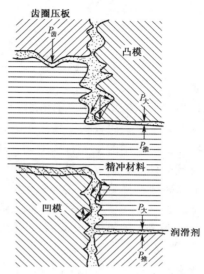

（a）受力状况　　　　　　（b）是（a）中 1 和 2 两部分放大后的接触面润滑情况

图 5-28　剪切时受力和润滑状况

在各摩擦表面之间缺少润滑剂，会发生剧烈的附着磨损和焊合，造成模具磨损和零件剪切面质量下降，为此必须使这些面之间充满润滑剂，改变摩擦条件。

由于剪切时大部分变形功转化成热能，在模具和零件表面产生较高温度，要求润滑剂能承受高温和高压，以便牢固地附着在金属表面上。设计模具时必须考虑让润滑剂能进入这些表面，通常将推件板内、外廓周围和齿圈压板型孔四周倒成一定的小斜角，使润滑剂能顺利地流进摩擦表面。

实践证明，在同等条件下精冲，有润滑和无润滑对剪切面上光洁切面影响很大，无润滑时甚至会出现撕裂现象。

（2）润滑机理。

模具和零件之间理想的状态是处于液体润滑，即在局部点上是金属摩擦，见图 5-28（b）。在这些地方的油膜被破坏，金属会直接接触，处于干摩擦状态。为防止表面擦伤和焊合，光靠润滑剂的物理吸附已经不够。这就要润滑剂中有适当的极压添加剂，依靠添加剂与金属表面的化学反应生成物来减少摩擦和磨损。

通常使用的添加剂元素有 S、P、C1 和其他元素。这些元素在高温高压下与金属发生化学反应，首先在凸出的接触表面生成化合膜，在随后的移动中扩展到凹陷部分，在高温和高压的作用下，进一步形成一层平滑的表面，保护着零件和模具表面，这层极压膜虽然很薄（最大厚度约为 1.2×10^{-6} mm），但作用很大。极压膜的厚度和生成速度取决于不同的添加剂。常用的极压添加剂介绍如下：

硫化物 这是最早使用的一种抗摩剂，常用的是把硫化动、植物油添加到不同的基础油中，或者是用合成含硫化合物添加到不同的基础油中使用。其作用是在混合润滑区间产生吸附，和在极压区间与金属表面发生化学作用。

氯化物 是使用广泛同时很重要的载荷添加剂。国内常用的是氯化石蜡，其次是五氯联苯。氯化物在油中的滑润极压机理是低载荷下有氧化膜；中载荷下有氧化膜和氯化膜；高载荷下有氯化膜。

氯化石蜡对提高抗压力 P_B 的作用较显著，直接用它作精冲润滑剂，有时也能取得较好效果，但在冬季氯化石蜡比较稠，使用不方便。

磷化物 目前采用的主要有磷酸、三甲酚酯、磷酸三乙酯、亚磷酸二正丁酯等。

中性磷酸盐作用机理是中性磷酸盐吸附在金属表面上发生水解，产生酸性磷酸盐，再生成金属有机磷酸盐，又分解生成金属无机磷酸盐。

极压添加剂是提高润滑剂性能的重要因素，应用很广泛，各种极压剂复合使用会获得综合的性能，以满足各种材料变形条件的需要。

（3）润滑剂。

在同等精冲条件下，采用不同的润滑剂所取得的效果差别很大，如图 5-29 所示。图中表示精冲 1.6mm 厚的不锈钢板时，用毛刺高度不超过 0.05mm 来衡量润滑剂与精冲次数的关系。

由图 5-29 实验结果看，约翰逊蜡 122号润滑剂效果最好，它的精冲次数为机油的三倍多。

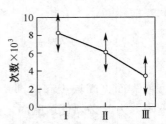

Ⅰ—约翰逊蜡 122 号；Ⅱ—525 润滑油；Ⅲ—机油

图 5-29　润滑剂和模具寿命的关系

据有关资料介绍，精冲厚度为 5.8mm 的 Cr22 钢时，使用不同配方的润滑剂进行试验，结果如下：

氯化棕榈油 35%+脂肪酸，比重 0.984/20℃，润滑效果较好；

磷酸盐皮膜处理+锌皂处理，润滑效果次之；

氯化石蜡 36.2%+脂肪油，比重 1.06/20℃，润滑效果更次之。

国内企业经过多年实践，在精冲生产中试用的润滑剂种类较多，如氯化石蜡油、蓖麻油、棕榈油、肥皂油+机油、60%透平油+40%三氯化乙烯等，都有一定的润滑效果。目前，国外企业针对不同材质、厚度及形状的精冲件所使用的润滑剂产品已形成系列化。

5.2.2　取件和排除废料

精冲生产的送料方式有两种：一是用卷料自动化连续生产；二是用条料间断生产。无论用哪一种方法，都希望能够使冲床每工作一次，冲制的零件和废料能迅速而准确地排除到模具之外的设定位置，以提高生产效率。

对于薄料和小型零件，多数采用约 5 个大气压的压缩空气装置吹走零件和废料。压缩空气喷射嘴可以安装在机床或模架上，其位置可视需要任意调节。当内孔废料较多时，应安装两个或两个以上的喷气嘴。

为提高喷气取件和排除废料的效果，防止润滑油将零件粘在推件板上，或将冲孔废料粘在顶料杆上。应在推件板的适当位置安装一个或多个小弹顶销，同时将顶料杆的头部做成蘑菇头，减小接触面，有利快速取件和排除废料，如图 5-30 所示。

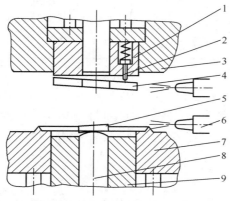

1—推件板；2—弹顶销；3—凹模；4—精冲零件；5—冲孔废料；

6—喷气嘴；7—齿圈压板；8—蘑菇头顶料杆；9—落料凸模

图 5-30　安装弹顶销和蘑菇头顶料杆

对于精冲厚材料和大型零件，当用压缩空气的喷射力量不足以吹走零件时，应安装一套机械式取件装置（取件臂或机械手）同时将零件和废料排出模具工作区，如图 5-31 所示。

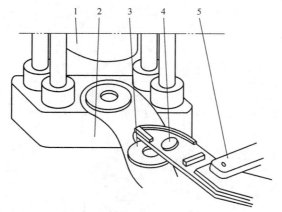

1—上模；2—下模；3—零件；4—冲孔废料；5—取件臂联杆

图 5-31　同时取件和排废料装置示意图

设计上要求取件机构的动作要与模具动作相互协调，并保证准确而有节奏地工作，取件机构可以用液压驱动，通过凸轮控制的方式进行操纵。

取件臂的工作距离和位置可以按需要调节，并能自动把零件和废料分开。

用取件臂机构清理零件和废料时，它与机床滑块的行程和时间的关系如图5-32所示。

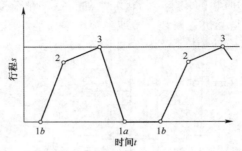

（1b→2）快速合模；（2→2）剪切；（3→1a）快速回程；

（1a→1b）取件臂清理零件和废料，同时自动送料机构把材料送进一个步距

图5-32　取件臂与滑块行程的关系

5.2.3　清理毛刺

精冲零件在使用前必须去除毛刺，毛刺不仅会影响零件的装配质量和外观，而且锋利的毛刺会划破手指。当精冲零件需要弯曲加工时，毛刺易使弯角处开裂；当零件要校平时，被压破的毛刺会损伤零件的端面。

清理毛刺的工作十分重要，清理的方法有手工操作法、电化学法、机械化学法、超声波或机械振动法以及砂带磨削法等。

对于破碎的细薄毛刺较易去除，普遍用滚筒清理和振动清理的方法去毛刺。图5-33是振动清理毛刺装置的示意图。它是一种机械－化学去毛刺技术，适用于表面积较小及弯曲、压印、半冲孔和立体成型的零件。

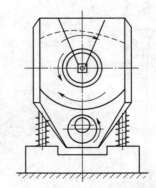

图5-33　振动清理去毛刺装置示意图

　　振动清理方法是把要去毛刺的零件和磨料（特制磨块）一起放入筒内，其中有用水稀释的抛光溶液，按一定的比例配制。通过滚筒的转动和振动，将运动传递给内装填物，使其相对运动和剧烈转动，达到去掉毛刺的目的。

　　对于厚毛刺和大而重的、薄而窄长的、个别带半冲孔的、塌角面可以稳定平放的精冲零件，即除弯曲和立体成型的精冲零件之外，都可以采用砂带磨光机清理毛刺。用这种方法清理毛刺质量好、效率高，有利于实现自动化或半自动化操作。图 5-34 是 SBG 砂带磨光机工作示意图。

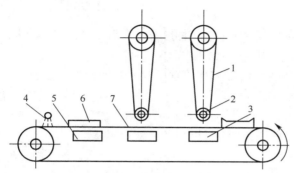

1—砂带；2—接触辊；3—电磁吸盘；4—喷水器；5—退磁器；6—被磨去毛刻的零件；7—传送带

图 5-34　SBG 砂带磨光示意图

　　传送皮带的下面装有电磁吸盘，借助磁力的作用，吸力的大小可以调节，使被清理的零件既不会被吸牢又不会滑掉，从而顺利地在传送带上传送零件并加工。传送带的速度一般为 3～8m/min。

　　电磁吸盘上面的砂带通过接触辊高速转动，转动方向正、反均可改变。双头磨光机对加工零件可以进行逆磨和顺磨，以克服去毛刺的方向性。

　　被加工零件经过退磁器自动退磁后，用喷水器冲去磨屑，并由工作槽送走。

　　对形状简单的零件，可以用单头磨光机去毛刺，但效果不及双头机好。

　　被加工零件送进时，要注意塌角面向下，不要放反。

　　一般在使用双头磨光机时，第一磨头为正转，第二磨头为反转。

　　为防止砂带在磨削过程中产生单边磨损，放置零件时不能摆成一列，而要像图 5-35 那样摆成曲折形。

　　用橡胶做传送带的缺点是厚度大（3～5mm）不能保证磨削精度，会产生弹性变形，湿磨时零件易滑掉，所以改进用耐水性能好的树脂接合剂砂带做传送带，其厚度约 1mm，磨削精度可控制在 0.02～0.03mm，同时对电磁吸盘效果好，被加工零件不易滑掉。

　　有色金属或不锈钢这一类非磁性零件去毛刺时，要先用轧辊压紧在传送带上，然后再磨削加工。当零件很小无法压紧时，加工时零件有飞出去的危险。在这种情况下，可以将零件放在比它还薄的铁板空格间加工，或者在传送带上做成横向肋条（即防滑槽）。

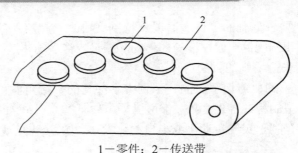

1—零件；2—传送带

图 5-35　被加工零件的摆法

为了消除磨削过程中内形孔边缘产生的径向毛刺，可用砂带和刷子复合去除。做刷子的材料用不锈钢丝或含磨料的尼龙丝。

SBG 砂带磨光机用硬度为 30～70 的软质橡胶做接触辊，磨削精度可控制到 0.01mm。砂带的粒度为 120～240 号，磨削钢零件时用氧化铝磨料，非钢质零件一般采用碳化硅磨料。

使用双头砂带磨光机，可以同时进行粗磨和精磨加工。

图 5-36 是精冲零件去毛刺用的双头磨光机外观照片。

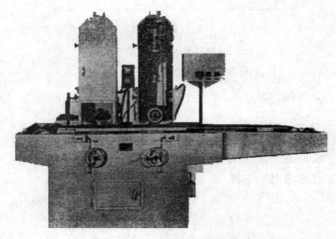

图 5-36　NCS-P$_2$/2 型双头砂带磨光机

砂带磨光去毛刺都是采用湿磨加工，以便把工作区的热量和粉尘带走。冷却液有水溶性和油性两种，从防锈和提高磨削能力来看，油性磨削液更佳，但人工操作时，手易起泡，会生油雾且有臭味，所以在实际生产中大多使用水溶性冷却液。

磨光毛刺后，用专门的装置对零件进行双面清洗和红外线烘干处理。

用砂带磨光机去毛刺，每小时可加工 2000～4000 件。为提高效率，减少辅助操作时间及中间传递工序，可使用一种带振动料斗的自动磨削机。它可以与精冲机床连接在一起使用，形成自动生产线。

5.2.4　模具的维护和保管

当一副精冲模具完成一定批量生产任务后，应注意做好以下维护、保管工作：

（1）按操作规程仔细地从机床上拆下模具，或从通用模架内取出模芯。对于大型模具，应使用模具升降车或专用吊车拆卸，以防止模具摔坏或伤人。

（2）认真检查模具各部分情况和磨损程度。

（3）按重磨刃口技术要求修磨刃口。

（4）拆洗模具各活动部分，清除油污和磨刃口时进去的冷却液，防止生锈。

（5）用细油石仔细磨出落料凹模和冲孔凸模的小圆角。

（6）将凸模磨刃时留下的磨痕研去。

（7）消除应力处理。

（8）细心装配模具，用试切 0.02mm 锡箔的方法检查装配是否正确。

（9）将模具工作部分和导向部分上油防锈。

（10）填写生产记录卡片，送模具库保管，并注意防尘。